바다에
미래가
있다

창비청소년문고 45

바다에 미래가 있다

10대를 위한 해양과학 이야기

초판 1쇄 발행 • 2025년 10월 24일

지은이 • 이고은 김웅서 박주면 이연주 장찬주 한국해양과학기술원
펴낸이 • 염종선
책임편집 • 김준성
조판 • 박지현
펴낸곳 • (주)창비
등록 • 1986년 8월 5일 제85호
주소 • 10881 경기도 파주시 회동길 184
전화 • 031-955-3333
팩스 • 영업 031-955-3399 편집 031-955-3400
홈페이지 • www.changbi.com
전자우편 • ya@changbi.com

ⓒ 이고은 김웅서 박주면 이연주 장찬주 한국해양과학기술원 2025
ISBN 978-89-364-5245-2 43470

이고은 ◆ 김웅서 ◆ 박주면 ◆ 이연주 ◆ 장찬주 지음

한국해양과학기술원 기획

바다에

미래가

있다

10대를 위한
해양과학 이야기

창비

차례

모든 질문의 시작은 바다였다

과학을 좋아하는 분들이라면 화학은 약학과 연결되고, 생명과학은 의학과 연결된다는 것을 알 거예요. 물리학은 공학으로, 천문학은 우주과학으로 뻗어 나가죠. 그런데 '해양과학'에 대해서는 얼마나 알고 있나요? 물속 이야기인데 왜 이렇게 멀게만 느껴질까요?

사실 과학 교사인 저도 해양과학에 대해 제대로 배운 적이 거의 없습니다. 수업 시간에 해양과학자를 소개하거나, 해양과학을 깊이 다룬 기억은 손에 꼽을 정도죠. 그러다 문득 궁금해졌어요. 바다에는 많은 생물이 있고, 기후와 날씨, 심지어 우리의 밥상까지 바다와 연결돼 있는데, 왜 우리는 바다를 공부하지 않을까?

그때 떠오른 인물이 있었어요. 프랑스의 해양 탐험가 자크이브 쿠스토Jacques-Yves Cousteau입니다. 그는 물속에서 오래 머무를 수 있는 잠수 장비를 개발하며 바닷속 세계의 문을 열었어요. 쿠스토는 유명한 과학자이자 탐험가이지만, 제가 가장 인상 깊었던 건 그의 말이에요.

"사람은 결국, 자기가 사랑하는 것을 지키게 된다."

쿠스토는 바다를 알고 싶었고, 그래서 사랑하게 되었고, 결국 그 아름다움을 세상에 알리는 일을 평생 멈추지 않았습니다.

이 책은 '바다를 제대로 안다는 건 어떤 일일까? 그리고 바다를 알기 위해 애쓰는 사람들은 어떤 모습일까?'라는 질문에서 시작됐어요. 그래서 해양과학 분야에서 오랫동안 연구해 온 네 분을 직접 만나 인터뷰하게 되었습니다.

1부에서는 전 한국해양과학기술원 원장이자 해양생물학자인 김웅서 박사님과 함께, 바다가 최초의 생명을 어떻게 품었는지 탐구했어요. 심해 딤사 경험을 바탕으로 진화의 비밀을 짚고, 외계 생명체 가능성까지 살펴보는 흥미로운 이야기를 나눴죠. 2부에서는 어류 자원과 생태를 연구해 온 박주면 박사님을 만나, 물고기와 생선의 차이에서 출발해 해류와 어장의 변화, 그리고 바 닷속 생태계가 우리의 식탁과 어떻게 연결되는지를 생생하게 들 어 보았어요. 3부에서는 해양 천연물과 의약화학을 연구하는 이 연주 박사님을 통해, 바닷속 미지의 물질들이 어떻게 신약 개발 의 새로운 길을 열고 있는지 살펴보았습니다. 마지막 4부에서는 해양 순환과 기후 변화를 연구하는 장찬주 박사님과 함께, 점점 뜨거워지는 바다와 사라지는 생물의 위기, 그리고 기후 재난에 대응하는 과학의 역할을 깊이 탐구했어요.

처음엔 교수님, 박사님, 원장님, 그 이름만으로도 조금은 긴장 됐지만, 인터뷰를 진행하면서 자꾸 웃게 되었어요. 낯선 바다 이 야기를 들려주면서도 연구 실패담을 털어놓고, 어린 시절의 꿈을 이야기하며 웃는 모습이 정말 따뜻했거든요. 가끔은 바다를 닮은 사람들 같다는 생각도 들었어요. 깊이를 다 알 순 없지만 언제나 경이로운 존재 말이에요.

무엇보다 이번 인터뷰를 통해 제가 느낀 건, 한국의 해양과학 계에 치열하게 연구를 이어 가는 분들이 많다는 사실이었어요. 해류와 기후를 측정하고, 보이지 않는 미세 생물을 추적하고, 바 다 생물로부터 새로운 약을 찾아내는 연구가 이미 우리 곁에서 이루어지고 있었던 거예요. 그 덕분에 해양과학이 더 이상 먼 학 문이 아니라는 걸 깨달았고, 앞으로 한국의 해양 연구가 크게 도

약할 수 있으리라는 희망도 품게 되었죠. 바다의 미래를 열어 가는 과학자들이 우리 곁에 있다는 사실이 무척 든든하게 다가왔습니다.

이 책은 단순히 지식을 전달하려고 만든 책이 아닙니다. 해양 과학이라는 이름 뒤에 숨겨진 사람들의 얼굴을 보여 주고 싶었고, 그들의 삶에서 태어난 질문을 함께 나누고 싶었어요. 교과서에서 한 줄로 설명된 내용 뒤에 얼마나 복잡하고도 흥미로운 이야기가 숨어 있는지, 여러분도 꼭 느꼈으면 좋겠습니다.

이제 파도가 부드럽게 밀려와요. 우리 함께 그 질문 속으로 들어가 볼까요?

2025년 10월

이고은

1부

모든 생물의 고향,
바다

1장

생명의 기원을 향한 잠수

#심해잠수정   #노틸호   #해미래   #심해생물

안녕하세요, 저는 한평생 바다만 바라봐 온 해양학자 김웅서입니다. 서울대학교에서 생물학과 해양학을 공부한 뒤 미국 뉴욕주립대학교(스토니브룩)에서 해양생태학 박사 학위를 받았고, 1993년 한국해양과학기술원(당시는 한국해양연구원)에 입사해 30년 동안 바다를 연구해 왔어요. 2018년부터 원장을 지낸 뒤 2023년 퇴사해 현재는 청소년 해양 교육과 해양학 대중화에 힘쓰고 있습니다.

최근 우주 탐사를 향한 관심이 뜨겁습니다. 미국, 일본, 중국 등이 앞다투어 달에 탐사선을 보내고 있죠. 그런데 우주만큼이나 신비롭고 무궁무진한 곳이 있습니다. 바로 인류에게 여전히 미지의 공간으로 남아 있는, 최대 깊이가 1만 1,000m에 이르는 **심해**입니다.

수심 6,000m보다 깊은 심해를 탐사할 수 있는 유인 잠수정을 가지고 있는 국가는 미국, 러시아, 프랑스, 일본, 중국뿐입니다. 유인 우주선을 보유하고 있는 국가만큼이나 적죠. 이렇듯 심해 탐사는 여전히 아주 까다롭고, 첨단 기술력이 뒷받침되어야 하는 일입니다.

저는 운 좋게도 한국인 최초로 직접 태평양 해저 5,000m까지 내려간 적이 있습니다. 그곳은 빛도, 인간의 손길도 닿지 않는 완전한 암흑의 세계였죠.

심해 탐험이라니 듣기만 해도 아찔합니다. 잠수정에서 경험한 바닷속은 어떤 모습이었나요?

정말 말로 표현하기 어려운 세계였어요. 저는 2004년 프랑스의 심해 유인 잠수정 **노틸**Nautile호에 올라 그 어둠 속으로 내려갔습니다. 노틸호는 조종사, 부조종사, 그리고 과학자 한 명, 이렇게 세 명만 탈 수 있는 아주 작은 잠수정이에요. 우리를 먼바다로 데려간 배는 길이 85m, 무게 3,560톤짜리 대형 연구선 아탈랑트 L'Atalante호였죠.

배 위에서 잠수정에 타 물에 내려가고, 잠수정 안에서 배와 교신하며 탐사를 진행했어요. 노틸호의 내부는 직경 2m도 안 되는 좁은 공간입니다. 그 안에서 세 명이 다닥다닥 붙어 9~10시간 갇혀 있어야 하죠. 폐쇄 공포증이 있는 사람이라면 상상만 해도 아찔할 거예요.

노틸호는 초당 약 1~2m 속도로 내려갑니다. 해저 5,000m까지 가려면 약 2시간이 걸리죠. 수심 200m를 넘으면 햇빛은 거의 사라지고 아래로 내려갈수록 남는 건 오직 어둠뿐입니다. 이곳이 바로 심해예요. 아래로 10m 내려갈 때마다 약 1기압씩 압력이 높아져, 심해에서는 보통 압력이 무려 수백 기압, 즉 우리가 지상에서 받는 대기압의 수백 배에 달합니다. 그래서 잠수정은 철갑처럼 단단한 티타늄 합금으로 만들어집니다. 그러면서도 잠수정 내부는 지상과 같은 대기압 상태로 유지되어야 하죠.

내려가는 동안 잠수정 안에서는 간혹 뚝뚝, 삐걱, 하는 금속성 소리가 들리기도 합니다. 선체가 압력에 맞춰 자리를 잡는 소리인데, 머리로는 이해하고 있어도 그 순간만큼은 저절로 긴장되더군요.

프랑스의 심해 유인 잠수정 노틸호

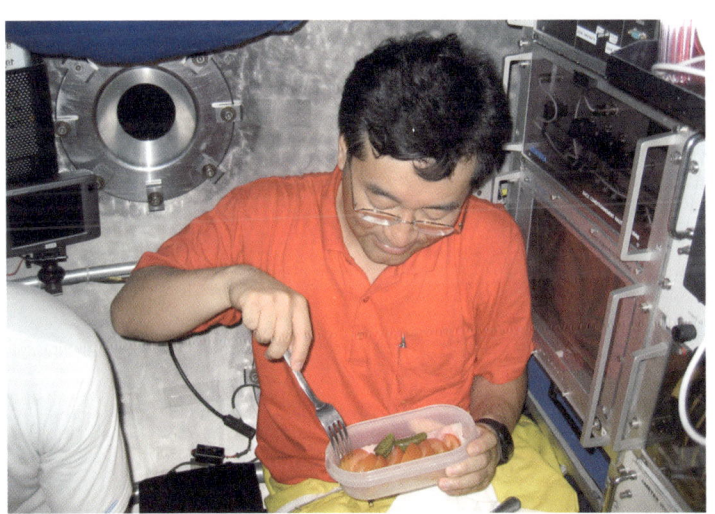

노틸호에서 식사하는 김웅서 박사님의 모습

물론이에요. 심해 탐험은 멋져 보이지만, 본질은 과학 연구입니다. 우리가 심해로 내려간 목적은 바로 심해 바닥의 채광 실험과 생태계 조사였어요. 심해에는 망가니즈, 코발트, 니켈 같은 귀한 광물 자원이 풍부합니다. 이런 자원은 전자 산업이나 에너지 산업에서 매우 중요한 재료로 쓰이지만, 문제는 채광이에요.

인류가 상업적으로 심해 바닥을 파헤치기 시작하면, 그동안 거의 변화가 없던 심해 생태계가 어떻게 변할지 아무도 모릅니다. 심해는 아직 사람의 손이 닿지 않은 세계입니다. 그만큼 아주 작은 교란에도 생태계 전체가 크게 흔들릴 수 있죠.

그래서 우리는 모의 환경 충격 실험을 진행했습니다. 쉽게 말해, 채광을 시작하기 전에 '만약 이런 충격을 주면, 심해 환경이 얼마나 어떻게 변화할까?'를 미리 실험해 보는 거예요.

탐사 과정에서 저는 퇴적물, 미생물, 망가니즈 단괴, 바닷물 샘플을 채취했습니다. 심해 생태계의 생물 다양성, 화학 조성, 퇴적물 층의 변화 양상 같은 데이터를 모아야, 미래의 자원 개발에 대비해 환경 파괴를 최소화할 전략을 세울 수 있거든요.

그중에서도 과학자들에게 특별히 중요한 게 바로 **망가니즈 단괴**입니다. 망가니즈(망간) 단괴는 바다 바닥 퇴적물 위에 망가니즈,

철, 니켈, 코발트 같은 광물질이 아주 오랜 세월 동안 조금씩 침전되며 자란 덩어리예요. 그 성장 속도가 얼마나 느린지 평균적으로 100만 년에 6mm 정도밖에 자라지 않아요.

과학자들은 망가니즈 단괴 단면을 현미경으로 들여다보며 표면에 쌓인 층을 관찰합니다. 그 층들은 마치 나무의 나이테처럼 각각의 시간이 남긴 기록이에요. 나무의 나이테를 보면 그해에 비가 많았는지 가뭄이 있었는지를 알 수 있듯, 망가니즈 단괴의 층을 분석하면 과거 바닷물의 화학 성분, 퇴적물 속 광물 비율, 해양 환경의 변화를 읽어 낼 수 있습니다. 망가니즈 단괴 하나하나가 수억 년 바다의 비밀을 품은 타임캡슐인 셈이죠.

바다에서는 날씨를 비롯해 예측 못 할 일이 많은데, 탐사는 매번 계획한 대로 잘 이루어지나요?

아니요, 절대요! 바다는 늘 우리의 예상을 빗나갑니다. 앞서 말한 2004년 심해 탐사 때, 우리는 총 15번의 잠수를 계획했어요. 하지만 날씨가 좋지 않아 14번만 잠수할 수 있었죠. 그래도 바다에서는 이 정도면 성공적인 편이에요.

그만큼 해상 상태, 즉 바다 날씨와 파도는 탐사의 성패를 좌우하는 큰 변수입니다. 심해 잠수정은 보통 아침 9시쯤 잠수해 저녁

6시쯤 돌아오는데, 그 긴 시간 동안 바다가 조금이라도 거칠어지면 계획 전체가 흔들려요.

잠수가 끝나고 수면에 뜬 잠수정은 파도 위에서 공처럼 둥실둥실 떠다니며 모선인 아탈랑트호가 구하러 올 때까지 기다려야 했는데요, 그때 잠수정 안의 느낌은 마치 복권 추첨기에 들어간 공처럼 이리저리 뒤집히고 흔들리는 기분이에요. 탐험에서 제일 힘든 순간이 언제인지 물어본다면, 저는 이때라고 말할 거예요!

게다가 잠수정 안에서 9~10시간 동안 갇혀 있는 건 그 자체로도 큰 도전입니다. 잠수정에는 화장실이 없습니다. 그래서 전날부터 커피처럼 소변이 마렵게 하는 음료는 피하고, 도시락을 싸가서 간단히 먹어야 해요. 아주 좁은 공간에서 세 명이 붙어 있어야 하니 생존 전략에 가까운 준비를 해야 하죠.

이렇게 힘들고 변수가 많은 탐험이지만, 무사히 임무를 끝내고 수면 위로 나올 때 느끼는 짜릿함은 이루 말할 수 없어요. 그 순간, 과학자로서 또 한 발짝 앞으로 나아갔다는 벅찬 감정이 밀려오죠.

과학자로서 특별한 경험이기는 하지만 한편으론 두려움도 크셨을 것 같아요.

사실 심해 탐사 출발 전에 동료들이 "유서는 써 났냐?" 하고 농담하곤 했어요. 심해에서 일어날 수 있는 최악의 사고는 내폭입니다. 잠수정이 외부 압력을 견디지 못하면 안쪽으로 부서져 버리는 거죠.

그래서 잠수정은 높은 압력에 견디기 위해 설계 단계에서부터 거주 공간을 강한 금속으로 최대한 정밀하게 둥근 모양으로 만듭니다. 만약 비상 상황이 발생하면, 꼬리 자르는 도마뱀처럼 불필요한 부분을 하나하나 분리해 최종적으로 작은 구형 공간만 남기고 부력으로 떠오르게 설계되어 있죠.

안전하게 설계되어 있다 하더라도 솔직히 무서울 때가 있습니다. 잠수정 안에서 삐걱하는 소리를 들을 때나 긴 시간 좁은 공간에 갇혀 있을 때, 인간적으로 긴장하지 않을 수 없죠.

하지만 과학자의 마음에는 늘 두려움보다 더 큰 게 있어요. '저 아래엔 뭐가 있을까?' 하는 호기심과 '이걸 알아내는 게 인류의 미래에 중요하다.'라는 책임감이죠.

심해는 아직 인류가 겨우 5%만 알고 있는 미지의 세계입니다. 그 안에는 우리가 모르는 생명, 새로운 자원 등 무궁무진한 가능성이 숨어 있죠. 하지만 동시에 너무나 민감하고 섬세한 생태계라 인간의 탐욕에 의해 쉽게 훼손될 수 있는 곳이기도 해요. 저는 과학자로서 이 심해를 더 깊이 이해하고, 기록하고, 알리는 것이 앞으로 인류가 심해와 공존할 수 있는 열쇠라고 믿어 왔습니다.

최근에는 무인 잠수정 같은 장비도 많이 활용된다면서요.

유인 잠수정은 과학자가 직접 내려가 눈으로 보면서 샘플을 채취할 수 있다는 매력이 있습니다. 저에게 노틸호를 타고 잠수했던 경험은 평생 잊지 못할 특별한 기억이에요. 하지만 기술이 발전하면서, 이제는 무인 잠수정이 심해 탐사의 주역으로 자리 잡았어요.

2016년 우리 연구진은 한국에서 자체 개발한 무인 잠수정 해미래를 이용해 태평양 마리아나 해저 분지에서 탐사를 진행했어요. 해미래는 깊은 바닷속에서도 움직이며 탐사할 수 있는 **원격 조종 잠수정** Remotely Operated Vehicle이에요. 최대 수심 6,000m까지 내려갈 수 있는데, 사람은 잠수정 안에 타지 않고 케이블로 연결된 모선에서 조종하죠.

해미래에는 여러 첨단 장비가 장착돼 있어요. 강력한 조명, 고해상도 카메라, 로봇 팔, 각종 센서 덕분에 어두운 심해에서도 샘플을 채취하고, 실시간으로 영상을 전송하고, 정밀한 데이터를 수집할 수 있죠.

특히 로봇 팔은 마치 인간 손처럼 정교하게 움직여 심해 바닥의 작은 퇴적물, 미생물 시료, 암석, 생물체까지 조심스럽게 집어 올릴 수 있어요. 사람이 직접 내려가지 않아도, 기계의 '눈'과

한국의 심해 무인 잠수정 해미래

'손'을 빌려 우리가 닿을 수 없는 곳을 탐험하는 거예요.

우리나라가 해미래 같은 심해 무인 잠수정을 직접 개발했다는 건 큰 의미가 있어요. 그동안 심해 탐사는 대부분 미국, 일본, 프랑스 같은 해양 강국들이 주도해 왔거든요. 이제 한국도 자체 기술로 심해 6,000m 탐사를 할 수 있는 나라가 되었고, 세계적인 해양 연구 경쟁에 뛰어들 수 있게 된 겁니다.

무인 잠수정 덕분에 우리는 훨씬 더 멀리, 더 깊이, 더 오랫동안 심해를 탐사할 수 있게 되었어요. 물론 무인 장비만으로는 현장에서 과학자가 직접 관찰하고 판단하는 일을 완전히 대신할 수 없기에, 유인 잠수정은 여전히 중요한 역할을 하죠.

심해에서 마주한 생물들은 어떤 느낌이었나요? 정말 우리가 상상하는 것처럼 신비롭고 놀라운 존재들이었나요?

마치 외계 생명체 같았습니다. 심해는 한마디로 암흑, 고압, 저온의 세계예요. 햇빛은 전혀 닿지 않고, 압력은 지상의 수백 배, 수온은 1~2℃에 불과하죠. 그 안에서 살아남으려면 표층에 사는 생물들과는 전혀 다른 방식으로 진화해야 합니다.

예를 들어 심해에서는 먹이가 극도로 부족해서, 운 좋게 만난 먹이는 무조건 확실히 삼켜야 합니다. 그래서 자기 몸 크기만 한 먹이라도 집어삼킬 수 있게 큰 입과 늘어나는 위를 가진 생물들이 많죠.

또 심해는 빛이 전혀 없어서 시각이 필요 없어요. 그래서 대부분의 심해 생물은 눈이 퇴화되었습니다. 심지어 제가 발견한 물고기 중에는 눈의 흔적조차 없는 물고기도 있었어요. 이런 모습을 실제로 보면 과학자라도 '와, 정말 놀랍다!' 하고 감탄할 수밖에 없습니다.

빛이 없는 심해에는 스스로 빛을 내는 생물, 즉 발광 생물도 아주 많아요. 이 빛은 루시페린luciferin이라는 물질이 루시페레이스

luciferase라는 효소와 만나 산소와 반응할 때 만들어지는데, 그 목적은 다양합니다. 짝짓기할 짝을 찾고, 먹이를 유인하고, 자신을 공격하려는 포식자를 속이거나 피할 때 쓰이죠.

심해에서 마주한 작은 불빛 하나하나가 생존을 위한 전략이자 언어라는 걸 알게 되면, 정말 경이롭다는 생각이 듭니다. 그 현장을 직접 눈으로 보고, 샘플을 채취하고, 기록하는 일은 과학자로서 무척 특별한 경험이에요.

심해의 생명체들은 단순히 신기한 생물 이상의 존재입니다. 그들은 생명의 경이로움, 진화의 힘, 그리고 우리가 아직 다 알지 못한 자연의 가능성을 보여 주는 존재들이죠.

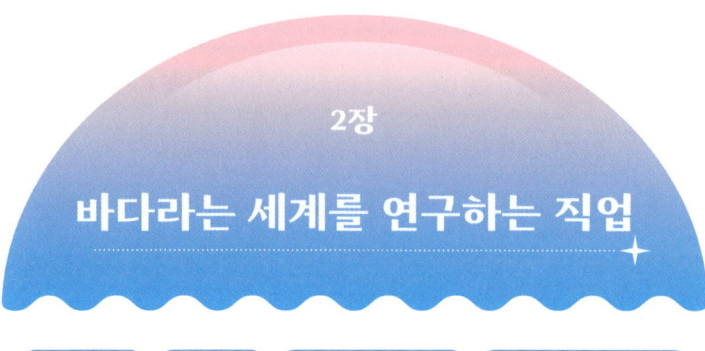

2장
바다라는 세계를 연구하는 직업

#해양과학 #야광충 #잠들지않는일터 #해양과학자의자질

'해양과학'은 학교에서 잘 다루지 않아서 청소년들이 낯설게 느낄 것 같아요. 해양과학은 어떤 걸 연구하는지 설명해 주시겠어요?

한마디로 말하면 해양과학은 '바다를 연구하는 과학'입니다. 그런데 여기서 중요한 건, 바다가 단순한 물 덩어리가 아니라는 점이에요.

바다의 물리 현상, 화학 성분, 생물 다양성, 해저 지형, 심지어 인간의 활동, 법, 경제 문제까지 다 바다와 연결돼 있어요. 그래서 해양과학은 정말 다양한 주제를 아우릅니다.

예를 들어 볼까요? 해양물리학자는 해류와 파도, 해양 순환 같은 물리적 움직임을 연구하고, 해양화학자는 바닷물 속 화학 물질, 산성화 현상, 영양 염류를 살펴봐요. 해양지질학자는 바다 바닥의 지형과 지질, 해저 지진을 연구하고, 해양생물학자는 바닷속 생물들의 생태와 상호 작용을 탐구하죠. 여기에 더해 바다 관련 기술을 개발하는 해양공학자, 바다 자원과 산업을 연구하는 해양경제학자, 법과 정책을 다루는 해양법학자도 있어요.

결국 바다라는 하나의 분야 안에 물리학, 화학, 생명과학, 지질학, 공학, 사회과학까지 모두 모여 있는 셈이에요. 그래서 해양과학을 '융합과학'이나 '종합과학'이라고 부르기도 합니다.

생각보다 훨씬 다양한 분야가 있네요! 박사님은 이 많은 분야 중 어떤 연구를 하셨나요?

대학생 때는 생물학과 해양학을 함께 배웠고 석사 과정 때는 해양학을, 박사 과정 때는 해양생태학을 전공했어요. 구체적으로는 우리가 흔히 '부유 생물'이라고 부르는 플랑크톤의 생태적 상호 작용을 연구했고, 나중에는 심해 생태계로까지 관심을 넓혔죠. 쉽게 말하면 저는 '바닷속 생물들이 어떻게 살고 있는지, 그들이 바다 생태계에서 어떤 역할을 하는지'를 연구했어요.

연구 중에 특히 기억에 남는 건, 아주 작은 플랑크톤 하나하나가 바다 전체의 먹이 사슬과 에너지 순환에 얼마나 중요한지 알게 되었을 때예요. 또 나중에는 심해라는 미지의 세계로까지 발을 넓히면서, 사람이 가 보지 못한 곳에서 어떤 생명체들이 살아가는지 탐험하고 연구하는 일에 매료되었죠.

박사님은 어떻게 해양과학자의 길을 걷게 되셨나요?

아주 작은 호기심에서 시작했어요. 대학교 2학년 여름 방학 때 해양 실습을 나간 적이 있었는데, 여수 돌산도로 가서 배를 타고 바다에 갔죠. 그곳에서 그물로 생물들을 끌어 올리는데 정말 처음 보는 이상한 생물들이 줄줄이 올라오더군요. 그 모습에 완전히 정신을 빼앗겼습니다.

특히 저녁에 방파제에 앉아 있을 때, 물가에서 갑자기 파란빛이 번쩍이는 걸 보았어요. 처음엔 '내 눈이 잘못된 건가?' 싶었는데, 알고 보니 **야광충**이라는 플랑크톤이었죠.

야광충이요? 바닷속에서 반딧불이처럼 빛을 내는 생물인가요?

그게 정말 재미있어요! 야광충은 외부로부터 물리적인 자극을

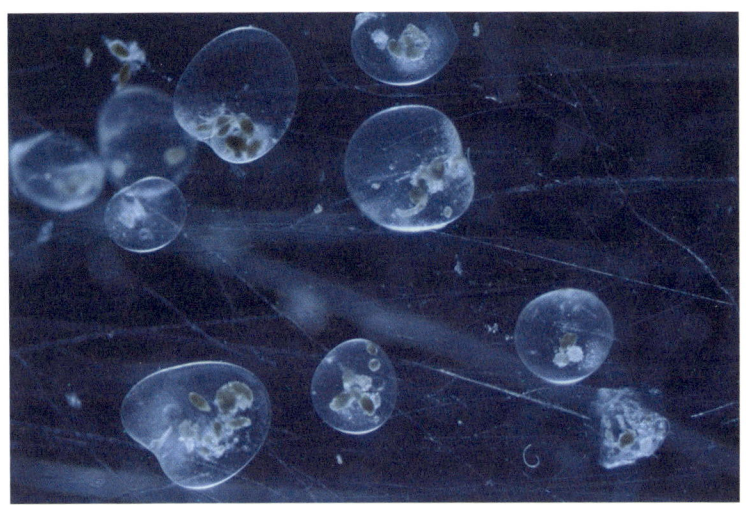

빛을 내는 야광충의 모습

받으면 파란색이나 청록색의 빛을 냅니다. 파란빛을 내는 이유는 짧은 파장의 파란빛이 가장 멀리 퍼질 수 있기 때문이에요.

흥미롭게도 야광충의 빛을 군사적으로 이용하려는 연구가 있었어요. 바닷속에서 잠수함이 항해할 때 스크루가 돌면서 야광충을 자극하면 빛이 나는데, 이 빛을 인공위성이나 비행기를 이용해 탐지하면 잠수함의 위치를 알 수 있죠.

또 하나 놀라운 점은 이 작은 생물이 단세포라는 거예요. 크기가 보통 1mm쯤 돼서 물속에선 아주 작은 점처럼 보이지만, 여름철 따뜻한 바닷물에서 수가 엄청나게 늘어나면 밤에 해안가에서 파도가 칠 때 바닷물이 번쩍번쩍 빛나는 걸 볼 수 있어요.

가끔 너무 증식하면 적조를 일으켜 해양 생태계에 문제를 일으키기도 하지만, 그 당시 저에게 야광충은 아주 신비로운 생물이었어요. '이건 뭘까? 왜 빛을 낼까? 왜 이런 생물이 있을까?' 하는 궁금증이 꼬리에 꼬리를 물었고, 결국 평생 해양 생물과 바다를 연구하는 길로 접어들게 됐답니다.

저는 어릴 때부터 과학소설(SF)을 좋아했어요. 쥘 베른의 『해저 2만 리』 같은 책을 읽으며 상상했죠. '이게 정말 현실이 될까?'라고 말이에요.

그런데 놀랍게도, 과거에는 공상으로 여겨졌던 많은 것들이 지금은 현실이 됐어요. 상상 속 기계였던 잠수정 노틸러스호가 진짜로 만들어진 덕분에 저는 심해를 탐사할 수 있었죠. 우주여행은 이제 과학자뿐 아니라 일반인도 할 수 있게 되었고요.

저는 과학이 '미래를 여는 열쇠'라고 생각합니다. 자연의 신비를 이해하고, 인간의 상상력을 현실로 만들고, 우리가 더 나은 세상을 향해 나아갈 수 있게 해 주는 힘이니까요.

또 중요한 건, 과학과 문학이 연결되어 있다는 점이에요. 문학은 과학의 성취에서 상상력을 얻고, 과학은 문학의 상상을 바탕으로 미래를 구상하죠. 과학을 단순히 시험을 봐야 하는 것이나 지식을 쌓는 것으로 한정 짓지 않으면 좋겠어요. 과학은 세상을 보는 새로운 눈이랍니다.

박사님 말씀을 들으니까 과학이 정말 멋지게 느껴져요. 해양과학자라는 직업만의 특별한 매력은 뭐라고 생각하세요?

가장 큰 매력은 바다라는 경이로운 대상을 연구한다는 점이에요. 대부분의 사람들은 여름 피서철에 한두 번 바다를 보러 가는 게 전부겠지만, 저는 전 세계 바다를 실험실 삼아 연구할 수 있었거든요. 한국 주변 연안은 물론이고 태평양, 대서양, 인도양, 북극해, 남극해, 심지어 심해 바닥까지 직접 가 봤습니다.

특히 심해나 극지 바다는 아무나 쉽게 갈 수 없는 곳이에요. 직접 발을 들여 새로운 데이터를 수집하고, 아직 아무도 모르는 현상을 탐사할 수 있다는 건 정말 큰 매력이죠. 저는 늘 '지구의 마지막 미지'를 탐험하는 사람이라는 생각으로 이 일을 해 왔어요.

아울러 과학자의 매력은 반복되지 않는다는 데 있어요. 같은 일을 매일 똑같이 반복하는 직업이 아니라, 늘 새로운 질문을 던지고, 새롭게 시도하며, 세상에 없던 답을 찾아 가거든요. 아이디어가 떠오르면 밤을 새워 몰두하기도 하고, 한가할 땐 누구의 간섭 없이 휴식을 취할 수도 있어요.

무엇보다 큰 보람은, 그렇게 찾아낸 새로운 지식이 인류의 미래에 이바지할 수 있다는 점입니다. 세상에 없던 발견을 하고 그걸로 더 나은 세상을 만들어 가는 일이라니, 정말 멋지지 않나요?

늘 새로운 질문에 도전한다는 점에서 근사하지만 그렇기 때문에 힘든 면도 있을 것 같아요.

정해진 매뉴얼만 따라 하면 되는 일이 아니라는 점에서 어려움이 있습니다. 특히 해양과학자는 한번 배를 타고 나가면 몇 주에서 한 달씩 선상 생활을 해야 하고, 그때는 가정도, 친구도, 일상도 모두 내려놓아야 해요.

예전엔 바다에 나가면 전화도 안 터지고 인터넷도 안 돼서 완전히 '디지털 디톡스' 상태였어요. 사실 정신 건강에는 꽤 좋았던 것 같아요. 요즘은 위성 인터넷 덕분에 메시지도 주고받고 영상 통화도 할 수 있게 됐죠.

선상에서 인터넷이 안 되던 시절에는 아쉬운 점도 있었어요. 중요한 가족 행사나 축구 월드컵 같은 걸 놓치기도 했거든요. 2002년 한일 월드컵 때 한국 경기 결과가 궁금해서 어떤 연구원이 위성 전화로 집에 전화를 걸고, 경기 내용을 선내 방송으로 중계한 적도 있어요. 물론 전화 요금이 엄청 비싸게 나와서 손이 덜덜 떨릴 정도로 놀랐지만요!

한국의 해양 연구선 온누리호에서 시료를 채취하고 있는 연구원들

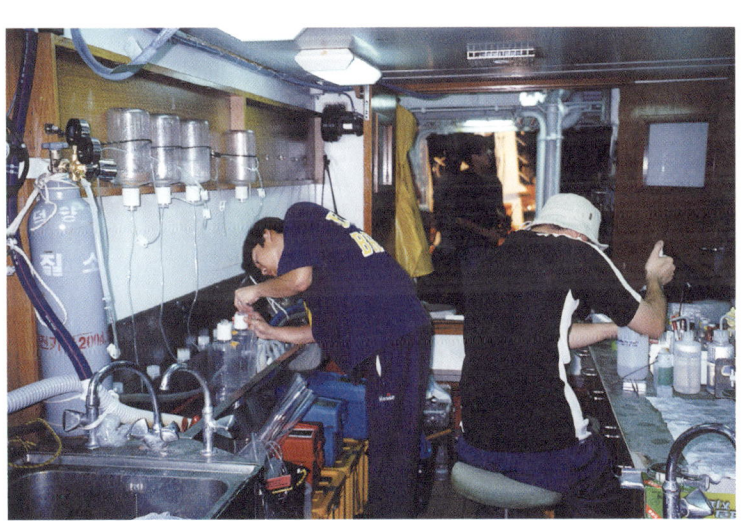

선상 실험실에서 바닷물을 분석하고 있는 연구원들

개인적으로 가장 스트레스를 받았을 때는 한국해양과학기술원에서 원장으로 일했던 시절이었어요. 한국해양과학기술원의 연구원들은 지구 곳곳, 서로 다른 시간대에서 움직이고 있거든요. 태평양 한가운데, 북극 바다, 남극 기지, 인도양, 대서양까지, 정말 24시간 잠들지 않는 일터죠. 그래서 저는 잘 때도 휴대폰을 머리맡에 두고 잤어요.

밤에 전화벨이 울리기만 해도 심장이 철렁 내려앉는 기분이었습니다. 한밤중에 선박으로부터 전화가 오면 좋은 소식일 리 없으니까요. 밤늦은 시각에도 문제가 생길 수 있다는 긴장감, 그게 가장 큰 스트레스였던 것 같아요.

그래도 연구자로서 보낸 시간들은 정말 즐거웠습니다. 특히 태평양 심해 바닥까지 내려가 본 경험은, 한국 과학자 중에서도 손꼽히는 기록이에요. 아무나 갈 수 없는 곳에서 새로운 세계를 마주한 순간, 모든 어려움을 다 잊게 해 주는 특별한 매력을 느꼈죠.

박사님 얘기를 들으면서 과학자라는 직업을 꿈꿔 보는 청소년도 있을 것 같아요. 과학자가 되려면 어떤 자질이 필요한가요?

무엇보다 끊임없는 호기심이 필요해요. '저건 뭐지?' 묻고, 더 알고 싶어 하고, 끝까지 파고드는 힘이 없으면 연구자는 오래 버틸 수 없거든요.

그다음으로 필요한 건 상상력이에요. '보이지 않는 세계에선 무슨 일이 벌어질까?' 상상하고, 그걸 실험과 탐사로 연결할 수 있어야 하죠.

특히 해양과학은 물리학, 생물학, 화학, 지질학 같은 여러 분야가 얽힌 융합 학문이라, 하나의 틀에 갇히지 않고 열린 마음으로 다양한 시각을 받아들이는 자세가 필요합니다. 호기심과 상상력을 가진 청소년들이 해양과학 분야에 도전하면 좋겠어요.

또 하나 중요한 건, 탐험가 정신이에요. 해양과학자는 다른 분야 과학자들과 달리 바다라는 경이로운 대상을 상대하잖아요. 때로는 험한 파도를 마주하고, 아무도 가 보지 않은 깊은 바다까지 내려가야 하죠.

심해 잠수정을 타고 깊은 바다로 내려갔다고 하면, 사람들은 "무섭지 않았나요?" 하고 물어봐요. 물론 깊은 바다는 본능적으로 두렵게 느껴지죠. 그런데 저는 이렇게 생각합니다. 수심이 2m든 6,000m든, 어차피 발이 땅에 닿지 않는 건 마찬가지예요. 저에게는 과학자로서의 호기심과 모험심이 잠수의 두려움보다 훨씬 컸기에, 공포심은 크게 느끼지 않았어요. 결국 이 길을 걸으려면, 바다라는 끝없는 미지를 마주할 수 있는 용감한 마음가짐이 필요하답니다.

3장

생명의 요람, 바다

#심해무생물가설   #열수분출공   #화학합성   #엔트로피

박사님의 연구 분야인 심해 생태계에 대해 본격적으로 여쭤보겠습니다. 예전 사람들은 심해에 생물이 살지 않는다고 생각했다면서요. 왜 그렇게 생각했을까요?

그걸 **심해 무생물 가설**이라고 부르죠. 19세기 중반 영국의 박물학자 에드워드 포브스Edward Forbes가 주장한 가설이에요. 그는 고대 그리스의 철학자 아리스토텔레스Aristotle 이후의 여러 관찰 결과를 이어받아, 배를 타고 해양 생물을 채집하며 연구했죠.

포브스는 연구 도중 이상한 점을 발견했어요. 수심이 깊어질수록 채집되는 생물의 수와 종류가 점점 줄어들더라는 거예요. 그래서 포브스는 '깊은 심해에는 생물이 없을 것이다.'라고 결론 내렸고, 이 생각은 당시 과학계에서 정설로 받아들여졌습니다.

왜 그렇게 생각했을지 한번 상상해 보세요. 심해는 햇빛이 한 줄기도 닿지 않는 칠흑 같은 어둠 속이에요. 표층의 따뜻한 물과 달리 심해의 수온은 거의 0℃에 가까워 얼음처럼 차갑고요. 무엇보다도 수압이 엄청나죠. 물은 10m 깊어질 때마다 1기압씩 압력이 높아지는데, 수심 10,000m라면 무려 1,000기압이에요! 손바닥 크기 면적으로 따지면 코끼리 약 25마리가 올라앉은 무게와 맞먹죠. 이런 극한 환경에서 생물이 산다는 건 정말 상상하기 어려운 일이었어요.

그런데 1860년대, 상황이 뒤집히는 사건이 일어납니다. 그때는 대서양 해저에 전보 케이블을 설치하던 시기였어요. 한참 깔아 놓은 케이블이 끊어져 수리를 위해 끌어 올렸는데, 거기에 뭔가 붙어 있는 거예요. 자세히 보니, 심해 생물들이었어요! 과학자들은 깜짝 놀랐죠.

이 발견은 심해 무생물 가설에 금이 가게 만든 계기가 되었고, 이후 본격적인 심해 탐사가 시작됩니다. 심해는 우리가 상상했던 삭막한 죽음의 세계가 아니라, 신비롭고 다채로운 생명의 세계라는 사실이 밝혀지게 되었죠.

심해 생태계 연구는 그 후 어떻게 발전했나요?

기술이 발전하면서 과학자들은 점점 더 깊은 심해로 들어갈 수 있게 되었어요. 결정적인 사건은 1977년 미국 우즈홀해양연구소의 유인 잠수정 앨빈Alvin호가 갈라파고스 인근 해저 산맥을 탐사하던 중 일어났죠.

그때까지 과학자들은 지구상의 모든 생태계는 햇빛이 없이는 유지될 수 없다고 생각했어요. 식물은 광합성을 통해 유기물을 만들고, 동물은 그 유기물에 의존해 살아간다고 여겼기 때문이었죠.

미국의 심해 유인 잠수정 앨빈호

2021년 인도양에서 한국 과학자들이 발견한 열수분출공.
검은색 물이 뿜어져 나오고 있다.

그런데 앨빈호가 해저 약 2,500m까지 내려갔을 때, 과학자들은 상상조차 못 한 장면을 목격하게 됩니다. 350℃보다 뜨거운 물이 해저 틈에서 뿜어져 나오고 있었고, 그 주변엔 길이 3m나 되는 하얀 관벌레, 대합, 새우 같은 생물들이 빽빽하게 모여 있었던 거예요. 이렇게 심해에서 뜨거운 물줄기가 솟아오르는 곳을 **열수분출공**이라고 불러요.

빛도 없고, 350~450℃의 고온인 데다가 수백 기압의 압력이 몰아치는 곳에서도 생명이 살아간다는 사실은 과학자들에게 충격 그 자체였어요. 마치 사막 한가운데 오아시스를 발견한 듯한 순간이었죠. 앨빈호가 심해에서 발견한 것은 단지 뜨거운 물줄기가 아니라, 생명이 극한 환경에서도 생존 가능하다는 강력한 증거였습니다.

심해 생물들은 빛도 없는 곳에서 어떻게 생존하는 건가요?

심해는 햇빛이 전혀 닿지 않는 곳입니다. 햇빛을 이용해 광합성을 하는 식물이 없으니 심해에는 먹이가 많지 않아요. 심해 동물은 주로 표층에 살다가 죽어서 가라앉는 생물 사체를 먹이로 삼습니다. 먹이가 부족해서 심해에는 보통 동물이 많지 않죠. 그런데 열수분출공 주변은 마치 사막의 오아시스처럼 유난히 동물이 많아요. 수없이 많은 박테리아가 식물 대신 생태계의 기초를 이루고 있기 때문이에요. 그 비밀은 바로 **화학 합성**에 있습니다.

화학 합성이란 빛 대신 화학 에너지를 써서 유기물을 만드는 과정을 말해요. 우리가 흔히 아는 광합성은 햇빛을 에너지원으로 삼지만, 화학 합성은 지하에서 뿜어져 나오는 황화수소(H_2S) 같은 화학 물질을 에너지원으로 사용합니다.

이런 화학 물질을 내뿜는 곳이 바로 열수분출공입니다. 해저 지각판이 갈라진 틈으로 스며든 바닷물이 지하 깊은 곳에서 뜨거운 마그마와 만나면서 가열됩니다. 섭씨 수백 도의 이 물은 황화

관벌레의 모습

수소 같은 기체, 철이나 구리 황화물 같은 광물질을 머금은 채 바다로 분출돼요. 마치 바닷속의 간헐천처럼, 고온의 화학 물질을 뿜어내는 열수분출공은 심해 생물들에게 에너지와 영양소를 공급하는 생명의 근원지 역할을 하죠.

심해는 우리가 익히 아는 광합성 기반 생태계가 아니라, 지구 내부의 화학 에너지를 기반으로 한 생태계예요. 육지 생태계에선 햇빛을 흡수하는 식물이 기초 생산자이지만, 열수분출공 주변에선 황화 박테리아 같은 미생물이 황화수소를 분해해 에너지를 만들며 생태계의 기초를 담당하죠.

황화 박테리아를 기반으로 심해에서는 다양한 동물들이 살아갑니다. 예를 들어 관벌레는 소화 기관이 없고, 몸속에 공생하는 황화 박테리아가 만들어 낸 유기물을 먹고 살아요. 다리에 털이 북슬북슬한 심해 게는 털에 박테리아를 키우며 먹이를 확보하죠. 마치 사람이 농사를 짓듯 말이에요!

광합성과 화학 합성, 이 두 과정은 같은 지구에 있지만 완전히 다른 시스템이군요!

맞아요. 광합성 생태계는 햇빛 에너지를, 화학 합성 생태계는 지열과 화학 물질을 에너지원으로 삼아요. 하지만 둘 다 결국 생태계의 먹이 사슬을 지탱하는 유기물을 공급한다는 점에서 근본적인 원리는 같아요.

조금 더 비유하자면, 땅 위 생태계는 태양 전지판 같은 시스템이에요. 햇빛을 흡수해 에너지를 만들죠. 그런데 심해 생태계는 발전소 같은 시스템이에요. 지구 내부에서 끓어오르는 화학 물질들을 연료 삼아 에너지를 생산하니까요. 방식은 다르지만, 결국 생명이 살아가는 데 필요한 에너지와 영양분을 만들어 내는 건 같아요.

열수분출공의 발견은 중요한 전환이 되었겠네요.

이 발견은 단지 새로운 생태계를 알게 된 데 그치지 않아요. 햇빛 없이도 생명이 유지될 수 있다는 사실은, 생명의 가능성과 기원을 새롭게 바라보게 했죠. 그 당시의 과학자들은 지구 생태계가 모두 태양 에너지를 기반으로 유지된다고 생각했어요. 하지만 열수분출공 주변에서 발견된 생명체들은 빛 없이도 생태계를 유지할 수 있다는 사실을 보여 줬죠.

이 발견은 생명의 기원과 초기 진화를 새롭게 탐구할 단서를 제공했어요. 과학자들은 열수분출공 환경을 연구하며 '최초의 생명은 과연 어떤 조건에서 탄생했을까?'라는 질문을 다시 던지게 되었답니다.

예전에는 햇빛이 투과하는 표층 바다나 연안에서 생명이 시작됐을 것으로 생각했지만, 그곳은 환경이 너무 순한 편이에요. 생명이 탄생하려면 단순한 화학 반응을 넘어서 복잡한 분자들이 형성되고, 이를 뒷받침할 강력한 에너지원이 필요하거든요.

심해 열수분출공은 뜨거운 물과 극한의 압력이 있고 화학 물질들이 끊임없이 쏟아지는, 말 그대로 거대한 자연 실험실 같은 곳이에요. 실제로 실험실에서 열수분출공의 고온·고압 조건을 재현하거나, 원시 지구의 대기 환경을 모사한 실험을 통해 탄소를 포함하지 않은 물(H$_2$O)이나 암모니아(NH$_3$) 같은 단순한 무기 분자로부터 복잡한 유기 분자가 만들어질 가능성을 탐구하고 있어요. 이런 실험들은 생명의 기원이 어디에서, 어떤 환경에서 시작됐는지에 대한 중요한 단서를 제공하고 있답니다.

물론 현재 과학은 '생물은 생물에서 나온다.'라는 생물 속생설을 지지해요. 하지만 이 생물 속생설은 이미 생명이 존재한 이후의 생명 탄생 원리를 설명하는 것이고, 최초의 생명이 어떤 화학적 과정을 거쳐 나타났는지를 설명하기 위해 '화학적 진화'라는 개념이 함께 논의되고 있죠. 즉 열수분출공은 생명의 기원을 탐색하는 연구에 커다란 변화를 가져다준 셈입니다.

'화학적 진화'라는 개념에 대해 좀 더 설명해 주세요.

약 40억 년 전 원시 지구의 바다에는 강한 번개, 자외선, 열수분출공의 화학 반응 등이 만들어 내는 극한 에너지가 가득했어요. 1920년대 러시아의 생물학자 알렉산드르 오파린 Aleksandr I. Oparin 과 영국의 생물학자 존 홀데인 John S. Haldane 은 이런 환경에서 단순한 유기물이 자연적으로 만들어지고, 점점 더 복잡해져 결국 원시 세포로 발전했을 것이라는 가설을 제시했죠.

이 가설을 실험적으로 검증한 사람이 미국의 생물학자 스탠리

밀러Stanley L. Miller예요. 1952년 그는 원시 지구의 대기 조건을 재현한 장치에서 전기를 흘려보내 아미노산 합성, 즉 단백질을 이루는 기본 단위인 아미노산을 만들어 내는 데 성공했어요. 아미노산은 세포를 구성하고 생명 활동을 가능하게 하는 단백질의 재료이기 때문에, 이 실험은 생명의 기원이 자연적인 화학 반응으로 시작될 수 있다는 가능성을 보여 줬답니다.

이처럼 생물의 탄생 이전에는 **화학적 진화**, 즉 생명이 등장하기 전 무생물에서 출발한 화학 반응들이 있었습니다. 생명은 무(無)에서 갑자기 나타난 것이 아니라, 무생물에서 유기물, 그리고 원시 세포로 이어지는 긴 단계의 결과물이라는 뜻이죠.

핵심은 화학적 진화예요. 원시 바닷속에 농축된 메테인(메탄), 암모니아, 이산화탄소 같은 화학 물질이 번개나 열 등의 에너지 충격을 받아 아미노산 같은 유기물로 합성되고, 이들이 뭉쳐 원시 세포의 씨앗이 되는 복합체, 즉 **코아세르베이트** coacervate로 발전했을 것으로 추정해요. 이후 수십억 년에 걸쳐 박테리아, 조류, 무척추동물, 척추동물로 가지를 뻗어 나가는 생명의 거대한 나무가 자라 온 셈이죠.

바다는 온도 변화가 적고 물이 풍부해 생명이 탄생하기에 이상적인 환경이었어요. 오늘날 바닷물과 닮은 우리 몸속의 체액 성분은 고대의 흔적을 고스란히 품고 있는 증거이기도 하답니다.

듣고 보니 생명의 탄생은 정말 극히 낮은 확률의 사건이었겠네요?

생명의 탄생은 마치 자연 속에서 레고 블록을 무작위로 던졌는데 기적적으로 멋진 집이 지어진 것 같은 일이에요. 생각해 보세요. 보통은 블록을 던지면 아무렇게나 흩어지고 말겠죠. 그런데 아주 희박한 확률로, 그 조각들이 제자리를 찾아 정교한 구조를 만들어 낸다면 얼마나 놀라울까요?

이걸 과학적으로 설명할 때 등장하는 개념이 **엔트로피**예요. 엔트로피는 쉽게 말해 무질서한 정도를 나타내는 개념이죠. 자연계는 기본적으로 엔트로피가 점점 늘어나는 방향으로 움직여요. 에너지를 투입하지 않으면 자연스럽게 무질서해지며, 엔트로피는 계속 늘어납니다. 예를 들어 정리된 방은 시간이 지나면 점점 어질러지고, 얼음은 녹아서 물이 되죠.

놀랍게도 생명은 이러한 흐름을 거스르는 특별한 존재예요. 스스로 복잡한 질서를 만들어 내고, 무질서 속에서도 자기 안의 구조를 유지하죠. 바로 이런 점이 과학자들이 생명의 기원에 매혹되는 이유입니다. 오늘도 연구자들은 깊은 바다로 내려가 생명의 흔적을 찾고, 우리가 아직 모르는 새로운 세계를 탐험하며 미스터리를 풀어 가고 있답니다.

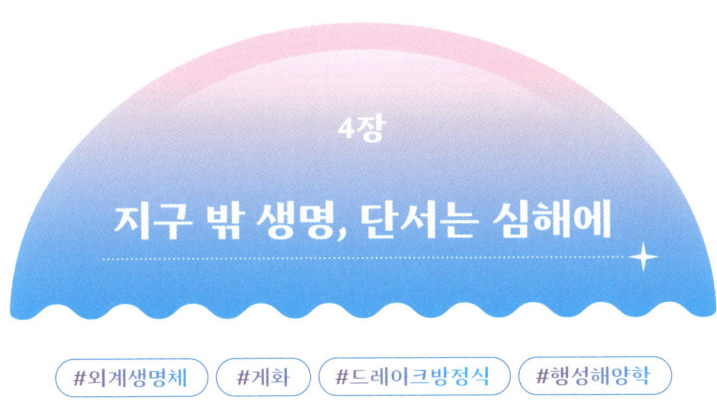

4장

지구 밖 생명, 단서는 심해에

#외계생명체 #계화 #드레이크방정식 #행성해양학

햇빛이 없이도 생명체가 살아갈 수 있다는 사실은, 외계 생명체의
존재 가능성에도 영향을 주었나요?

그럼요. 심해 열수분출공에서 햇빛 없이도 살아가는 생명체들
이 발견된 건, 생명과학에서 정말 큰 전환점이었어요. 이전까지
는 생명은 반드시 태양 에너지, 즉 광합성에 의존한다고 여겼거
든요.

그런데 그 가정을 깨뜨리는 실제 사례가 등장한 겁니다. 이 발
견은 과학자들에게 곧바로 새로운 질문을 던지게 했어요. '만약

지구 바깥의 행성이나 위성에 화산 활동과 물이 있는 환경이 존재한다면, 그곳에도 이런 방식의 생명이 존재할 수 있는 것 아닐까?'라고 말이죠. 막연한 공상이 아니라, 지구라는 실험실에서 확인된 가능성을 바탕으로 한 과학적 추론이었죠.

과학자들은 외계 생명체를 찾을 때 가장 먼저 물이 존재하는지를 본다던데요, 왜 물이 있어야 하나요?

아주 중요한 질문이에요. 생명이 존재하려면 여러 조건이 필요하겠지만, 그중에서도 가장 핵심은 **액체 상태의 물**이에요.

왜 그럴까요? 물은 생명체의 화학 반응이 일어나는 무대, 즉 용매 역할을 하거든요. 단백질, 핵산, 당 같은 생명의 기본 분자들이 물속에서 잘 녹고, 서로 만나 결합하고 분해되는 일이 자유롭게 일어나요. 또 물은 전하를 띤 분자들을 잘 풀어 주기 때문에, 세포 안에서 에너지를 전달하거나 신호를 주고받는 데도 탁월한 매개체가 되죠.

한 가지 더 중요한 특성이 있어요. 물은 극성을 가진 분자예요. 즉 물 분자는 플러스극과 마이너스극을 동시에 갖고 있어서, 다른 분자들과 다양한 방식으로 결합하거나 배열을 만들 수 있어요. 이 덕분에 세포막이나 단백질 같은 생체 구조가 안정적으로 유지될 수 있죠. 게다가 물은 열을 천천히 흡수하고 천천히 배출하는 성질이 있어서, 생명체가 살아가는 데 필요한 안정적인 온도 환경을 제공해 줘요.

물론 과학자들은 '꼭 물이어야 할까?'라는 질문도 던져 봤습니다. 예를 들어 토성의 위성 타이탄Titan에는 실제로 액체가 고여 있는 '바다'가 있어요. 하지만 그건 물(H_2O)이 아니라, 액체 메테인(CH_4)과 에테인(C_2H_6)으로 이루어진 바다예요. 표면 온도가 영하 179℃나 되기 때문에 물은 얼어붙고, 대신 탄화수소(탄소와 수소만으로 이루어진 화합물)가 액체 상태로 남아 있는 거죠. 그런데 탄화수소는 극성이 약해 생명 활동에 필요한 분자들을 잘 녹이지 못해요. 그래서 현재 과학계에선 생명이 존재하려면 액체 상태의 물이 꼭 필요하다는 의견이 지배적이에요.

결국 물은 단순히 흐르는 액체가 아니라, 생명 활동을 가능하게 해 주는 특별한 물질인 셈이죠. 그래서 과학자들이 외계 생명체를 찾을 때 가장 먼저 '물이 있는가?'를 묻는 거예요.

그러면 외계 천체 중에 물로 이루어진 바다가 존재하는 곳도 있나요?

네, 과학자들이 주목하고 있는 천체들이 몇 있어요. 먼저 토성

미국의 목성 탐사선 주노가 촬영한 유로파(왼쪽)와 가니메데(오른쪽)

의 위성인 엔켈라두스Enceladus를 들 수 있습니다. 이 위성은 얼음 껍질 아래에 소금기가 섞인 액체 상태의 물 바다가 있을 가능성이 매우 커요.

2005년 미국항공우주국NASA이 개발한 카시니 탐사선이 엔켈라두스를 관측하던 중, 뜨거운 물기둥이 얼음 틈을 뚫고 우주로 솟구치는 장면을 포착했습니다. 그 물기둥 안에는 물뿐만 아니라, 유기물과 수소 분자까지 포함돼 있었죠. 이는 생명체 존재 가능성을 드러내는 강력한 간접 증거로 평가돼요.

또 다른 후보는 목성의 위성 유로파Europa예요. 유로파도 표면이 얼음으로 덮여 있고, 그 아래에 액체 상태의 바다가 있을 것으로 여겨집니다. 게다가 이 바다는 깊이와 부피 면에서 지구의 바다보다 클 수도 있다고 해요.

마지막으로 목성의 또 다른 위성 가니메데Ganymede도 주목받고 있습니다. 가니메데는 태양계에서 가장 큰 위성인데, 과거 보이저 탐사선과 갈릴레오 탐사선이 보내온 데이터에서 내부에 소금물로 이루어진 바다가 있을 가능성이 제기됐거든요.

이처럼 '액체 상태의 물'이 존재할 수 있는 천체들이 하나둘 확인되면서, 과학자들의 시선도 달라졌어요. 예전에는 기온, 대기 성분, 이산화탄소 농도 같은 요소를 중심으로 생명 가능성을 따졌지만, 이제는 가장 먼저 '그곳에 액체 상태의 물이 있는가?'를 묻게 된 거예요. 물이 없다면, 생명이 반응하고 진화할 무대 자체가 성립되지 않거든요.

외계의 바다에도 열수분출공 같은 환경이 있을까요?

그럴 가능성이 충분히 있어요. 특히 엔켈라두스는 지금까지 발견된 외계 천체 중에서 생명체가 존재할 가능성이 가장 크다고 평가받는 위성이에요. 카시니 탐사선이 포착한 뜨거운 물기둥의 모습은 마치 지구 심해의 열수분출공을 떠올리게 하죠.

지구에서는 열수분출공이 박테리아부터 거대한 관벌레에 이르기까지 다양한 생명체들이 살아가는 터전이잖아요. 그렇다면 엔켈라두스의 얼음 아래 바다에도 지구와 비슷한 방식의 생태계가 존재할 수 있다는 과학적 상상을 할 수 있죠.

다만 엔켈라두스는 지구와 다른 방식의 에너지원이 작용합니다. 지구에서는 지각 운동과 마그마가 열을 공급하지만, 엔켈라두스에는 **조석력**이라는 에너지원이 작용해요. 조석력은 토성과 엔켈라두스 사이의 강한 중력 차이 때문에 엔켈라두스 내부가 주기적으로 늘어나고 줄어들면서 발생하는 마찰열입니다. 이 에너지가 얼음을 녹이고 바다를 데우며, 내부에 지열 순환을 일으키는 거죠. 이런 에너지원과 바다가 있다면, 화학 합성을 기반으로 한 생명체가 탄생할 조건이 갖춰질 수도 있습니다.

외계 생명체의 모습에 대해서는 어떤 의견이 있나요? 게처럼 생겼다는 얘기도 있던데요.

그건 꽤 흥미로운 상상입니다. 예전에는 문어처럼 촉수가 달린 외계인이 자주 등장했어요. 문어는 지구에서 높은 지능을 가진 무척추동물 중 하나로, 팔이 여덟 개나 되고 뇌의 구조도 독특하거든요. 그래서 '지구 밖에도 지능이 높은 문어처럼 생긴 생명체가 있지 않을까?'라는 상상이 자연스럽게 나왔던 거예요.

그런데 최근엔 '게처럼 생긴 외계 생명체'의 가능성에 주목하는 과학자들도 있어요. 물론 외계 생명체가 게처럼 생겼다고 단정하는 건 아니고요. 진화생물학자들이 제안한 하나의 가설적 상상입니다.

이 아이디어의 핵심에는 절지동물의 진화적 성공이 있어요. 절지동물은 지구상에서 가장 많은 종을 가진 생물군입니다. 바다에서는 갑각류가, 육지에서는 곤충이 대표적이죠. 단단한 외골격, 마디가 있는 다리, 높은 적응력 덕분에 거의 모든 환경에 퍼져 살아남았거든요.

그리고 여기에 **게화**carcinisation라는 흥미로운 개념이 있어요. 게화는 서로 다른 조상에서 출발한 동물들이 게와 유사한 형태로 진화하는 현상을 말합니다. 실제로 갑각류 중에서 게와 비슷한 생김새가 반복적으로 등장한 사례가 있어요.

이런 현상을 **수렴 진화**라고 부릅니다. 즉 생존에 유리한 특정 구조는 서로 다른 생물이라도 반복해서 나타날 수 있다는 뜻이죠. 그래서 일부 연구자들은 '지구 밖 환경도 비슷한 조건이라면, 비슷한 진화 결과가 나타날 수 있지 않을까?'라는 질문을 던졌어요. 실제로 2025년 영국 레스터대학교의 연구 팀은 게화가 지구 생물들 사이에서 얼마나 자주 반복되었는지를 분석하면서, 이런 진화 양상이 외계 생명체의 형태를 상상하는 데도 힌트를 줄 수 있다고 주장하기도 했어요.

물론 이런 이야기는 어디까지나 과학적 호기심에서 출발한 상상입니다. 외계 생명체가 실제로 게처럼 생겼다는 증거는 아직 전혀 없어요. 하지만 이런 질문이 바로 과학을 움직이게 하는 힘이죠. 상상력이 있어야 관측할 대상을 정하고, 실험을 설계하고, 우주 탐사의 방향을 잡을 수 있으니까요.

박사님은 외계 생명체가 존재한다고 생각하시나요?

과학자로서 증거 없이 단정할 수는 없어요. 하지만 존재 가능성은 충분하다고 생각해요. 왜냐하면 우주는 정말 어마어마하게 넓거든요. 우리가 속한 은하계만 해도 수천억 개의 별이 있고, 그 별들을 도는 행성은 셀 수 없이 많습니다. 그중 아주 일부만이라도 지구와 비슷한 조건을 갖췄다면, 생명이 존재할 가능성이 있다고 보는 거죠.

실제로 미국의 천문학자 프랭크 드레이크Frank D. Drake는 이런 생각을 바탕으로 1961년에 '드레이크 방정식'이라는 걸 만들었어요. 외계 문명이 얼마나 존재할지를 수학적으로 추정해 보는 공식이죠. 은하 안의 별의 수, 행성이 있을 확률, 생명이 탄생할 확률, 문명이 생길 확률, 우리와 교신할 수 있는 기간 같은 조건들을 곱해 외계 문명의 수를 계산하는 방식이죠.

어떤 연구자들은 이 공식을 적용해 봤을 때, 100만 개 이상의 외계 문명이 존재할 수도 있다고 추정하기도 했어요. 물론 지금 우리가 실제로 연락할 수 있는 문명이 있는지는 또 다른 문제지만요. 그래서 저는 이렇게 생각해요. '외계 생명체는 분명 어딘가에 있다. 단지, 우리가 아직 만나지 못했을 뿐이다.'라고요.

앞으로 이런 외계 생명체 탐사에 어떤 연구가 더 필요할까요?

요즘에는 아주 흥미로운 연구 분야가 떠오르고 있어요. 바로 '행성해양학'이에요. 지구가 아닌 다른 행성이나 위성에 존재하는 바다를 연구하는 학문으로, 타이탄, 유로파, 엔켈라두스처럼 바다가 있을 것으로 추정되는 천체들을 중심으로 발전하고 있죠.

과학자들은 탐사선이 보내온 데이터를 바탕으로, 그 바다의 깊이와 염분, 화학 조성, 내부의 열원 등을 분석하고 있어요. 또 고온·고압 환경 같은 지구의 심해 조건을 실험실에서 재현해서, 생명체의 구성 성분인 유기 분자가 어떤 조건에서 자연적으로 형성될 수 있는지도 계속 알아보고 있죠.

예를 들어 타이탄의 대기에서는 수소 농도가 지표면 근처에서 줄어드는 이상한 현상이 관측됐는데, 일부 연구자들은 미생물의 대사 활동이 원인일 수 있다고 해석하기도 했어요. 물론 아직은 확실한 증거가 없는 가설에 가까운 이야기입니다.

하지만 과학은 언제나 '왜?'라는 질문에서 시작돼요. 그리고 그 질문을 던지게 하는 힘은 바로 상상력이죠.

바다를 연구하는 건, 우주를 이해하는 첫걸음이에요. 지구의 바다, 특히 햇빛조차 닿지 않는 심해를 이해한다면, 지구 밖 생명의 가능성도 조금 더 가까이 들여다볼 수 있을 겁니다.

5장

경쟁과 개발, 그리고 공존의 과학

#자원확보경쟁 #배타적경제수역 #독도 #거대과학

요즘 뉴스에서 '망가니즈 단괴'나 '심해 채광' 같은 말을 자주 들을 수 있어요. 왜 바닷속에서 자원을 찾는지 궁금해요.

망가니즈 단괴는 아주 깊은 바다 바닥에서 발견되는 검은 돌덩어리예요. 감자처럼 울퉁불퉁하게 생겼고 겉모습은 평범하지만, 그 안에는 망가니즈, 니켈, 코발트, 구리 같은 귀한 금속들이 들어 있습니다. 전기차 배터리나 스마트폰 같은 첨단 전자기기에 꼭 필요한 원소들이죠. 육지 자원이 점점 고갈되다 보니, 기업과 국가가 이제는 바다 밑까지 자원을 찾아 나서는 거예요.

심해로에서 망가니즈 단괴를 끌어 올리는 모습

그런데 이렇게 깊은 바다에서 자원을 캐내는 일, 다들 환영하는 건 아니겠죠? 과학자들 사이에서도 의견이 갈리나요?

맞아요. 이건 단순히 기업과 환경 단체 사이의 싸움이 아니에요. 같은 해양과학자들 사이에서도 입장이 나뉘어요. 한쪽은 지금 준비하지 않으면 미래에 자원 확보 경쟁에서 뒤처질 수 있다고 주장하고, 다른 한쪽은 심해 생태계를 너무 모르기 때문에 개발을 미뤄야 한다고 말하죠. 모두 과학자지만, 어떤 가치를 우선시하느냐에 따라 관점이 달라지는 겁니다.

실제로 심해 채광을 하는 데는 해저를 긁어내는 방식이 쓰이는데, 이 과정에서 퇴적물이 구름처럼 일어나 주변을 뒤덮어요. 먹이를 걸러 먹는 심해 생물들에게는 그 먼지가 치명적일 수 있습니다. 이 퇴적물은 수십 킬로미터까지 퍼질 수 있고, 그렇게 덮인 생태계가 복구되기까지는 수백 년이 걸릴 수도 있어요. 우리는 아직 그곳에 어떤 생물이 사는지조차 다 알지 못하는 상황입니다.

더 중요한 점은, 심해 생태계는 수백만 년 동안 거의 교란되지 않은 안정된 상태로 존재해 왔다는 것이에요. 지각 활동이나 대형 재난처럼 극적인 변화가 거의 없는 환경이다 보니, 생물들은 느리게 진화하며 정교한 균형을 이뤄 왔죠. 그런 곳에 인간이 갑자기 개입하면 어떤 영향을 줄지, 기존 생태계가 그 충격을 감당할 수 있을지 예측하기 어려우므로 더욱 신중한 평가가 필요해요.

이런 상황에서 국제기구는 어떤 역할을 하나요?

유엔UN 산하 국제해저기구ISA는 1994년에 설립된 국제기구로, 해양법 협약에 따라 공해상의 해저 자원을 어떻게 공정하고 지속 가능하게 사용할지 관리하는 역할을 해요. 160여 개국이 회원국으로 참여하고 있으며, 개발 권한을 심사하고 환경 보호 기준을 마련하며 분쟁이 생길 경우 조정자 역할을 맡고 있습니다. 바다라는 '주인 없는 땅'에서 공정한 규칙을 만드는, 중요한 역할을 하고 있는 셈이죠.

공해상 자원은 인류 공동의 유산이라는 원칙에 따라, 개발을 하려면 반드시 사전 환경 영향 평가를 하고 매년 보고서를 제출해야 해요. 이윤을 목적으로 하는 상업 채광은 아직 본격적으로 허용되지 않았고, 대부분 탐사 단계에 머물러 있습니다.

과학과 정책, 윤리가 얽힌 문제군요.

맞아요. 과학자라고 해도 모두 같은 입장은 아니고, 과학과 기술만으로 답을 낼 수 없는 질문들이 있어요. 자원 확보와 생태계 보호는 모두 중요한 가치니까요. 그래서 서로 다른 입장을 가진 과학자들이 모여 합리적인 기준을 만들고, 국제 사회와 협력하며 해법을 찾는 과정이 중요한 거예요.

바다의 자원 문제는 국가 간 갈등으로도 이어지는 것 같아요. 독도나 배타적 경제 수역 문제도 그런 맥락에 있을까요?

바다는 육지처럼 울타리를 칠 수 없기 때문에 경계가 모호해요. 그래서 해양법 협약에서는 바다를 구역별로 나눠 정의해 두었어요. 해안에서 12해리(약 22km)까지는 **영해**라고 해서, 해당 국가가 육지처럼 완전한 주권을 행사할 수 있어요. 외국 선박이 들어오려면 허가가 필요하고, 군사적 통제도 가능하죠.

그보다 바깥쪽 200해리(약 370km)까지는 **배타적 경제 수역**EEZ인데, 이 안에서는 자원 개발과 어업 등 경제적 권한만 있어요. 다른 나라의 선박이나 군함은 자유롭게 항해할 수 있지만, 자원을 채굴하거나 과학 조사를 하려면 해당 국가의 허락이 필요합니다. 이보다 더 먼 바다는 **공해**라고 부르는데, 어느 한 나라의 소유가 아니라 인류 공동의 구역으로 여겨지죠.

하지만 우리나라처럼 주변 국가들과 거리가 가까운 경우엔 문제가 생겨요. 한국과 중국, 한국과 일본의 배타적 경제 수역이 겹치거든요. 그러면 경계 설정, 자원 개발, 해양 조사 등을 둘러싸고 갈등이 발생할 수밖에 없습니다. 독도 문제도 단순한 영토 문제가 아니라, 그 주변 해역에 대한 자원권, 해양 주권이 얽힌 큰 문제예요. 일본은 일제 강점기부터 이 지역을 조사하며 연구 자료를 축적해 왔고, 이를 바탕으로 자국의 권리를 주장하고 있죠.

그래서 우리나라도 독도 조사와 탐사를 계속해 온 거군요.

우리는 1999년부터 독도 주변 해저 지형과 생태계를 조사해 왔

독도의 수중 생태계를 탐사하는 모습

어요. 지금은 법으로 매년 조사를 하도록 정해져 있죠. 그곳에서 발견한 해양 생물이나 새로운 지형에 우리말 이름을 붙이는 것도 과학적 주권을 나타내는 방법이에요. 우리말 이름이 학술지나 지도에 오르면, 마치 그 지역에 가장 먼저 이름표를 다는 것처럼 우리가 먼저 탐사하고 연구했다는 증거가 되죠.

예를 들어 2007년에는 독도 동쪽 해역에서 발견된 수중 산에 '이사부해산Isabu Tablemount'이라는 이름을 붙였고, 이는 국제 해저 지명으로 공식 등록됐어요. 이사부는 신라 시대 장군으로, 우산국(지금의 울릉도와 독도)을 정복한 인물입니다. 독도가 역사적으로 우리 영토임을 상징하는 의미가 담겨 있죠.

한편 '섬기린초'는 독도에만 자생하는 희귀한 식물인데요, 이 식물의 학명은 *Sedum takesimense*예요. 여기서 'Sedum'은 기린초과에 속하는 식물이라는 뜻이고, 'takesimense'는 일본이 독도를 부르는 이름인 '다케시마(竹島)'에서 유래했습니다. 이는 일본이 먼저 학계에 보고해 이름을 선점한 경우입니다.

또한 독도 근처에 살다가 현재는 멸종된 동물인 강치, 즉 '바다사자'의 학명은 *Zalophus japonicus*예요. 여기서 'zalophus'는 바다사자를 뜻하고, 'japonicus'는 일본을 의미해요. 독일의 생물학자 빌헬름 페터스Wilhelm Peters가 일본에서 표본을 발견해 이런 이름이 붙었죠.

그런데 2018년 우리나라 연구 팀이 독도에서 발견된 바다사자의 뼈를 유전자 분석한 결과, 일본에 살던 개체와 유전적으로 차이가 있다는 사실이 드러났어요. 이 연구를 국제 학술지에 보고하면서 바다사자의 기존 영문명 Japanese sea lion 대신 Korean sea lion이라는 이름을 사용하기도 했습니다. 영문명은 국가적 노력이나 캠페인에 따라 달라질 수 있지만, 학명은 먼저 발견하고 이름 붙인 경우가 우선권을 갖기 때문에 쉽게 바뀌지 않아요. 다만 추후 연구 결과에 따라 *Zalophus japonicus koreanus*와 같은 아종(종의 하부 단위) 학명이 나올 가능성은 열려 있죠. 이처럼 우리가 먼저 발견하고 명명하지 않으면, 우리나라에 살던 생물조차 다른 나라의 이름으로 남을 수 있다는 점에서 과학적 주권은 매우 중요해요.

해양과학은 단순한 자연과학이 아니라 국가의 외교나 전략과도 연결된 영역이네요. 우리나라의 상황은 어떤가요?

해양과학은 안보, 외교, 경제와 이어진 전략 과학이고, 우주과학과 함께 대표적인 **거대과학**big science으로 분류됩니다. 심해 탐사를 위해선 유인 잠수정, 무인 로봇, 통신 위성, 데이터 해석 장비 등 복잡하고 고도화된 기술이 필요하죠. 이 모든 걸 갖추려면 막대한 예산과 인프라가 필요한데, 그만큼 국가의 의지와 투자가 뒷받침되어야 해요.

우리나라도 과거에 '해양 250'이라는 유인 잠수정을 보유한 적이 있습니다. 1986년 11월에는 3명이 탑승한 채 수심 251m까지 잠항하는 데 성공했고, 이는 우리나라 해양과학 기술 발전의 초석이 되었죠. 하지만 지금은 노후화로 인해 운용되지 않고 있어요. 2010년대에는 6,000m급 유인 잠수정을 개발하려는 계획도 있었지만, 경제성 평가에서 탈락해 예산을 확보하지 못했어요. 기술은 있었지만, 국가적 투자와 의지가 부족했던 거예요.

일본의 신카이 6500 잠수정

중국의 자오룽 잠수정

반면 중국은 빠르게 움직였어요. 2012년 여수 엑스포 때까지만 해도 일본의 '신카이 6500'이 아시아에서 가장 깊이(6,500m) 들어가는 유인 잠수정이었는데, 곧이어 중국은 '자오룽'이라는 잠수정으로 7,000m 탐사에 성공했어요. 이후에는 11,000m급 '펀더저우'까지 개발했고요. 미국은 6,500m급 잠수정을 개발하는 데 50년이 걸렸는데, 중국은 단기간에 해낸 거죠. 정부에서 해양 연구에 막대한 투자를 하기에 가능한 일입니다.

제가 직접 중국 해양과학 단지를 가 본 적이 있는데, 해양과학자 수, 장비 규모, 연구 인프라에서 큰 차이를 느꼈어요. 인구 비율로 보면 우리가 밀리지 않지만, 총투자 규모는 따라가기 어려운 수준이었죠. 일본도 중국에 밀리지 않으려 10,000m급 유인 잠수정을 개발하려는 계획을 세운 바 있어요. 이처럼 심해 탐사는 자존심과 국력이 걸린 경쟁입니다.

우리가 바다를 계속 연구해야 하는 이유는 뭘까요?

바다는 단순히 자원을 캐는 공간이 아니에요. 지구 산소의 절반 이상이 바다에서 나오고, 이산화탄소를 흡수해 기후를 조절하는 지구의 '숨구멍' 같은 역할을 합니다. 게다가 심해는 생명의 기원지이자, 아직도 미지의 생물들이 끊임없이 발견되는 살아 있는 연구실이에요.

무엇보다 바다는 미래 산업의 보고(寶庫)입니다. 바다 생물들은 독성 물질로 자신을 방어하는데, 그 성분이 항암제나 항생제 같은 신약의 원료가 되기도 합니다. 또 미세 조류는 광합성으로 에너지를 만들고 이산화탄소를 흡수하기 때문에, 친환경 바이오 에너지 자원으로 주목받고 있죠.

에너지 측면에서도 바다는 무궁무진한 가능성을 품고 있어요. 파도, 조류(밀물과 썰물), 해수 온도 차를 이용한 청정에너지 기술이 빠르게 발전 중이고, 바닷물을 민물로 바꾸는 담수화 기술은 물 부족 문제의 열쇠가 될 수 있습니다. 바다 심층수는 음용수나 식품 제조 등의 산업에 활용되고 있죠.

이렇듯 바다는 생명, 기후, 에너지, 산업을 아우르는 종합적 가치를 지닌 공간이에요. 그래서 지금 우리가 바다를 얼마나 이해하고, 어떤 선택을 하느냐가 미래를 결정짓는 중요한 열쇠가 될 겁니다. 그래서 저는 이렇게 말해요.

"바다를 잃는 건, 미래를 잃는 것이다."

우리는 바다를 개발할 권리가 있는 동시에, 지켜야 할 책임도 있어요. 그 균형을 지혜롭게 맞추는 것이야말로 과학의 역할이자, 우리 모두의 과제입니다.

2부

변하는 물고기,
흔들리는 생태계

1장

생선인가, 물고기인가?

#물고기 #생선 #어류 #수렴진화 #자산어보

　안녕하세요, 저는 평생 물고기와 바다의 이야기를 좇아온 해양 생물학자 박주면입니다. 바다는 아직도 미지의 공간이고, 그 속에서 살아가는 생명의 이야기는 끝없이 흥미롭죠. 저는 어류생태학을 전공해 바닷속 물고기들의 삶을 들여다보는 일을 해 왔고, 한때 오스트레일리아 맥쿼리대학교와 한국해양과학기술원 동해연구소에서 연구원으로 활동하며 어류 자원과 해양 생태계를 탐구했어요. 지금은 국립군산대학교 해양생물자원학과 교수로 재직하며 '해양 생물 자원의 보존과 지속 가능한 이용'을 주제로 학생들과 함께 공부하며 연구하고 있습니다.

바다에서 물고기는 빼놓을 수 없는 주된 자원이자 중요한 연구 대상입니다. 인류는 아주 오래전부터 물고기를 먹고, 기록하고, 이해하려 애써 왔죠. 오늘날에도 어획과 양식은 물론 생물학과 생태학, 나아가 신약 개발에 이르기까지 물고기는 여전히 다양한 분야에서 중요한 존재입니다. 저는 그런 물고기들을 통해 바다를 이해하고, 사람과 자연이 함께 살아갈 길을 찾고자 노력해 왔습니다.

가만 보면 같은 고등어도 바다에서 헤엄칠 땐 '물고기', 마트에 놓이면 '생선', 교과서에서는 '어류'라고 부르더라고요. 듣기엔 다 비슷한 말 같은데, 이 표현들에는 어떤 차이가 있는 걸까요?

재미있는 질문이에요! 사실 그 세 단어는 조금씩 다른 의미가 있답니다. 먼저 **물고기**는 살아서 물속을 헤엄치고 있는 상태의 생물을 말해요. 바닷속을 유유히 헤엄치는 고등어나, 강물 속을 떠다니는 송사리 같은 친구들이 바로 '물고기'죠.

그런데 이 물고기를 사람이 잡아서 먹을 용도로 사용할 때는 **생선**이라는 이름으로 부르게 됩니다. 즉 살아 있을 때는 '물고기'였던 고등어가 마트에 놓이거나 식탁에 올라오면 '생선'이 되는 거예요. 간단하죠?

마지막으로 **어류**는 과학적으로 생물을 분류할 때 쓰는 용어예요. 아가미로 숨 쉬고, 지느러미로 움직이며, 척추를 가진, 물속에 사는 생물을 통틀어 '어류'라고 부르죠. 즉 '물고기'는 일상적인 말, '생선'은 식품학적 용어, '어류'는 학문적인 분류라고 보면 이해가 쉬울 거예요.

물론 이런 구분은 사전적으로나 학문적으로 아주 정확한 분류는 아니에요. 하지만 일상적인 언어와 과학적인 용어 사이의 차이를 감각적으로 이해하는 데는 꽤 도움이 된답니다.

그런데 '어류'는 과학적으로 정확한 분류가 아니라면서요? 교과서에서 배우는 어류는 진짜 어류가 아닌가요?

과학적으로 보면 우리가 '어류'라고 부르는 물속 동물들은, 물속에 산다는 점만 같을 뿐 사실 진화적으로 서로 다른 갈래에서 나왔습니다. 겉모습은 비슷해 보여도, 조상도 다르고 후손도 다양해요.

예를 들어 상어나 가오리는 뼈가 말랑말랑한 연골로 된 물고기이고, 고등어나 참다랑어(참치)는 단단한 뼈를 가진 물고기예요. 이들은 각각 '연골어강'과 '조기어강'이라는 다른 그룹에 속합니다. 또 아주 오래전에는 '육기어강'이라는 고대 물고기 무리가 있었는데, 여기에서 개구리, 도마뱀, 인간처럼 물 밖으로 진출한 생물들이 진화해 나왔어요. 그러니까 인간도 따지고 보면 물고기의 먼 후손인 셈이죠.

이런 이유로 과학자들은 '어류'가 진화적으로 정확한 하나의 갈래가 아니라고 말합니다. 왜냐하면 같은 조상에서 출발해 양서류·파충류·포유류로 이어진 후손들은 빼고, 물속에 남아 있는 생물들만 따로 묶었기 때문이에요.

쉽게 말해 볼게요. 중학교 삼 년 내내 같은 반이었던 친구들이 있었어요. 그런데 고등학교에 올라가면서 그중 한 아이만 다른 고등학교로 진학했죠. 몇 년 뒤 동창 모임을 하게 됐는데, 친구들이 그 아이는 쏙 빼고 "우리 다 중학교 삼 년 동안 한 반이었지!"라고 말하는 거예요. 분명 같은 반이었지만, 다른 고등학교에 갔다는 이유로 제외된 거죠.

이처럼 공통 조상에서 시작된 일부 후손은 빼고 나머지만 묶은 분류를 과학에서는 **측계통군** paraphyletic group 이라고 불러요. '어류'가 바로 그런 경우입니다. 상어나 고등어, 금붕어처럼 지금도 물속에 사는 생물들만 어류로 묶고, 그들과 같은 조상에서 갈라져 나온 개구리나 인간 같은 후손들은 빼 버린 거죠. 그래서 과학자 입장에선 '어류'와 '포유류'를 딱 잘라 구분하기가 어려워요. 진화의 관점에서 보면, 양서류·파충류·조류·포유류도 결국 고대 물고기의 후손이니까요.

물론 일상에서나 교과서에서는 이런 복잡한 구조를 다루기 어렵기 때문에, 여전히 '어류'라는 표현을 편하게 사용하고 있어요. 비록 과학적으로 완벽하진 않지만, 생물을 이해하고 배우는 데는 꽤 유용한 개념이니까요.

과학적으로는 같은 조상에서 갈라진 관계가 중요하다는 말씀이시군요. 그런데 상어나 참치처럼 비슷하게 생긴 생물들이, 사실은 전혀 다른 계통이라는 게 좀 놀라운데요?

분류학적으로 상어는 연골어강, 참치는 조기어강, 돌고래는 포유강에 속합니다. 쉽게 말하자면 '완전히 다른 종류의 동물'이란 뜻입니다.

그럼 궁금해지죠. 조상도 다르고 사는 방식도 다른데, 왜 이렇게 닮았을까요? 그 이유는 바로 **수렴 진화** 때문입니다. 수렴 진화는 서로 다른 생물이 비슷한 환경에 적응하면서, 겉모습이나 기능이 비슷하게 진화하는 현상을 말해요.

예를 들어 바다는 넓고 물의 저항이 큰 공간이에요. 이런 환경에서 빠르게 헤엄치며 살아남으려면, 몸을 유선형으로 만들고 지느러미처럼 물을 밀어내는 구조가 있으면 유리하겠죠? 그래서 서로 조상이 달라도 비슷한 형태로 진화한 거예요.

꼬리를 좌우로 움직여 헤엄치는 상어

꼬리를 위아래로 움직여 헤엄치는 돌고래

하지만 자세히 들여다보면 꽤 다른 점이 보입니다. 상어나 참치는 물고기라서 꼬리를 좌우로 흔들며 헤엄치고, 돌고래는 포유류라서 꼬리를 위아래로 움직이죠. 사실 돌고래의 지느러미는 '앞다리'에서 진화한 거고, 뒷다리는 진화 과정에서 점점 작아져서 몸 안으로 사라졌어요. 이처럼 겉모습은 비슷해도, 자세히 들여다보면 구조도 다르고 진화의 출발점도 다르답니다. 하지만 비슷한 환경 속에서 생존이라는 공통의 문제를 해결하기 위해 서로 다른 생물들이 비슷한 '답'을 내놓는 거죠. 이것이 진화의 매력이자 자연이 보여 주는 놀라운 창의력이에요.

'어류'가 과학적으로 하나의 그룹이 아니라는 걸 알고 나니, 물고기를 보는 시선도 좀 달라지네요. 그러면 일반인에게 '물고기'가 '생선'이 되는 시점은 언제일까요?

우리가 흔히 '물고기'라고 부르는 생물은 말 그대로 물에 사는 척추동물이에요. 등지느러미가 있고, 아가미로 숨 쉬며, 대부분 비늘이 있죠. 예를 들어 금붕어나 고등어, 복어도 모두 물고기입니다. 그런데 금붕어는 보통 생선이라고 부르지 않아요. 왜 그럴까요? 바로 경제적 가치, 특히 **식용 가치**가 생선을 결정짓는 기준이 되기 때문이에요.

어떤 물고기가 사람들에게 '생선'이 되려면 먼저 '맛이 있는가?' '먹기 좋은가?' '사람들이 사고 싶어 하는가?' 같은 질문을 통과해야 해요. 단순히 먹을 수 있다는 것만으로는 부족하죠. 예를 들어 복어는 독이 있어서 예전에는 먹으면 죽을 수 있었던, 위험한 물고기였어요. 그런데 사람들은 그 맛과 희소성에 매력을 느꼈고, 결국 위험을 감수하면서도 안전하게 먹는 법을 찾아냈죠.

이처럼 '생선'이라는 말은 자연적인 분류가 아니에요. 어떤 물고기를 생선으로 만들기 위해서는 사람들의 오랜 탐색과 도전, 그리고 연구가 필요하죠. 그러니까 물고기가 생선이 되는 순간은, 바로 인간이 그 물고기에게 경제적 가치를 부여하는 순간이라고 볼 수 있겠어요. '이건 먹을 만하다.'라거나 '이건 사고팔 수 있다.'라는 판단이 생선이라는 이름을 붙이게 하는 거죠.

생선은 인간의 선택과 문화, 경제가 만나 만들어 낸 구분이에요. 물고기와 생선, 그 사이에는 인간의 입맛과 호기심, 그리고 끈질긴 노력이 숨어 있는 거죠.

그렇다면 지금 우리가 먹지 않는 '물고기'도, 언젠가는 '생선'이 될 수 있겠네요?

지금 우리가 먹지 않는 물고기라고 해서, 앞으로도 영원히 먹지 말라는 법은 없어요. 사실 인류의 식탁은 수천 년에 걸쳐 계속해서 확장됐거든요. '저건 절대 못 먹을 거야.'라고 여겨졌던 생물도, 어느 순간 음식이 되었죠. 강한 독을 지니고 있지만, 요리 기술이 발전하고 새로운 정보가 쌓이면서 '먹을 수 있는 것'으로 바뀐 복어처럼요.

이건 인간만의 이야기는 아닙니다. 자연에 사는 동물들도 마찬가지죠. 생존을 위해 어떤 생물은 독이 있는 먹이를 피하고, 어떤 생물은 환경이 바뀌면 먹는 대상을 바꾸기도 해요. 예를 들어 직박구리는 여름에는 곤충을 주로 먹다가, 겨울에는 감탕나무나 산수유나무의 열매를 먹습니다. 곤충이 줄어드는 겨울철에도 살아남기 위해 계절에 따라 먹이를 바꾸는 건데, 이 열매들은 시간이 지나면서 떫은맛이나 독성이 줄어들어 새들이 먹기에 딱 알맞게 되죠. 이런 행동은 진화의 산물이에요. 오랜 시간에 걸쳐 자신에게 유리한 행동을 이어 온 결과죠. 인간도 마찬가지입니다. 단순히 배고픔을 해결하려는 차원을 넘어서, 어떤 생물이 '가치 있는 자원'이 될 수 있다면 어떻게든 먹는 방법을 찾아내곤 했어요.

그래서 사실 '못 먹는 물고기란 없다.'라고도 할 수 있어요. 어떤 물고기든, 독성이 있든, 질감이 낯설든, 어떻게든 처리해서 먹을 방법은 존재해요. 중요한 건 '이걸 먹을 만한가?' 혹은 '이걸 먹을 필요가 있을까?'라는 판단입니다. 어떤 생물은 약으로 쓸 만큼 가치가 있기도 하고, 어떤 건 맛이나 영양 면에서 주목받기도 해요. 결국 어떤 물고기가 '생선'으로 불리느냐는 자연과학적인 이유뿐만 아니라 문화와 경제, 기술의 발전과도 깊이 연결되어 있습니다. 앞으로 과학이 더 발전하고, 환경이 바뀌고, 식량에 관한 생각이 달라지면 지금은 생선이 아닌 물고기들도, 언젠가는 우리의 식탁 위에 오르게 될지도 모릅니다.

우리나라는 꽤 일찍부터 물고기를 과학적으로 분류하고 연구했다고 들었습니다.

과학적으로 분류한다는 건, 생김새나 행동, 사는 환경 같은 특징을 바탕으로 생물을 나누는 걸 말합니다. 요즘 생물학자들은 유전자 정보나 생태적 역할까지 고려해서 동물이나 식물을 분류하죠. 그런데 이런 '과학적인 분류'의 흔적을 조선 시대에도 찾을 수 있어요.

1814년에 정약전이라는 학자가 쓴 『자산어보』는 우리나라 최초의 어류 백과사전이에요. 정약전은 흑산도에 유배되었을 때 그 섬 주변 바다에 사는 다양한 물고기들을 관찰하고 기록했습니다. 요즘처럼 인터넷도 없고 실험 도구도 거의 없던 시절인데도, 그는 마치 생물학자처럼 물고기의 생김새, 사는 곳, 행동 특성 등을

바위에 앉아 있는 말뚝망둥어

아주 자세하게 적어 두었죠.

예를 들어 우리가 알고 있는 '참돔'은 『자산어보』에서 '붉은 생선'이라고 불려요. 지금처럼 학명 체계나 분류학 용어를 쓴 건 아니지만, 생김새를 정확히 포착한 이름이죠. 또 말뚝망둥어에 대해서는 '다리가 달린 물고기처럼 기어다닌다.'라고 썼는데요, 이건 정말 놀라운 관찰입니다. 말뚝망둥어는 실제로 지느러미를 이용해 땅 위를 움직이거든요.

더 흥미로운 건, 정약전이 꼭 사람들이 먹는 생선만 기록한 게 아니라는 거예요. 맛이 없거나, 독이 있어서 먹지 않는 물고기들도 빠짐없이 적어 두었죠. 정약전은 단순히 먹을 수 있는지를 기준으로 생물을 나눈 게 아니라, 생물 자체의 특징에 집중했어요.

이건 오늘날 생물학자들이 생물을 분류하는 방식과도 닮았습니다. 지금은 유전자 분석까지 하긴 하지만, 기본적으로 '특징을 잘 관찰하고 분류한다.'라는 점은 똑같거든요. 그래서 『자산어보』는 단순한 어류 기록을 넘어서, 과학적 사고가 담긴 귀중한 자료라고 할 수 있어요.

조선 시대에도 이렇게 과학의 눈으로 바다를 바라본 사람이 있었다는 게 꽤 멋지네요. 박사님은 물고기를 볼 때, 어떤 가치를 가장 중요하게 보시나요? 우리는 주로 '맛있다', '건강에 좋다', '귀하다' 같은 기준으로 평가하는 것 같아요. 하지만 과학자의 눈에는 또 다른 기준이 있을 듯합니다.

바닷속 생명체들에게 가장 중요한 기준은 단 하나, '살아남는 것'입니다. 생존을 기준으로 관찰하면 익숙한 물고기들도 다르게 보일 거예요. 물고기들은 빠르게 도망칠 수 있는 유선형 몸매를 갖추거나, 주변 환경에 섞이기 쉬운 보호색으로 몸을 감추죠. 떼를 지어 움직이며 포식자를 교란하기도 하고, 독 같은 무기를 가지기도 합니다. 이런 특징 하나하나는 모두 생존을 위한 전략이자 진화 과정의 결과예요.

바다는 거대한 생명 실험실입니다. 수많은 생명체가 저마다의 방식으로 생존을 실험하고, 실패하고, 다시 도전하죠. 그 과정에서 서로 비슷해지기도 하고, 전혀 다른 방향으로 진화하기도 해요. 이런 변화의 무대에서 생명은 '살아남을 가치'를 스스로 증명해 왔습니다.

인간이 그 생명을 식탁 위에 올려놓고 맛을 평가하거나, 약으로 개발해서 효과를 논하는 건 사실 부차적인 일이에요. 자연은 이미 오래전부터 자신의 가치를, 생존을 통해 증명해 왔으니까요.

이제 고등어나 복어를 볼 때, 단순히 "생선이다!" 하고 지나치진 않겠죠? 그 안에 담긴 생존의 전략과 진화의 흔적, 그리고 자연이 들려주는 이야기를 떠올려 보세요. 그런 상상 하나만으로도 이미 과학자의 눈을 닮아 가고 있는 거예요.

2장

물고기 생존 전략의 모든 것

#카운터셰이딩   #생물발광   #삼투압   #말뚝망둥어

박사님, 물고기들은 바닷속에서 살아남기 위해 어떤 전략을 펼치나요?

바다가 우리 눈에는 그저 푸르딩딩한 물속 같지만, 물고기 입장에선 매 순간 생존을 위한 숨바꼭질이 벌어지는 전장입니다. 이 전쟁터에서 살아남기 위해 물고기들은 '색깔'을 방어책으로 삼으며 진화해 왔습니다.

물고기의 대표적인 생존 전략 중 하나가 바로 **카운터셰이딩** counter shading이에요. 물고기는 보통 등과 배의 색깔이 다릅니다. 바다 위에서 물속을 내려다보면 짙은 파랑처럼 어두운색으로 보이니까, 물고기 등이 어두우면 위에서 봤을 때 눈에 잘 띄지 않아요. 반대로 아래에서 위를 보면 햇빛 때문에 밝게 보이니, 배는 하얘야 주변에 자연스럽게 섞일 수 있죠. 방향에 따라 빛이 달라지는 환경에 맞춘, 일종의 '360도 위장술'이에요.

이 전략은 고등어나 참치처럼 바다 한가운데를 떠다니는 물고기들에게 특히 중요합니다. 숨을 곳이 딱히 없는 이 친구들은 오직 색깔로 몸을 감춰야 하거든요. 바다는 특별한 색을 가진 곳이 아니기 때문에, 물고기들은 빛의 변화에 맞춰 최대한 '무난한 색'으로 진화해 온 거예요.

반면 바다 바닥에 사는 넙치(광어)나 가자미 같은 물고기들은 주변 환경에 맞춰 몸 색을 바꿔 왔어요. 해저 색과 비슷한 갈색으로 위장하는 거죠. 재미있는 건, 자연에 사는 넙치는 진한 색인데 양식장에서 자란 넙치는 연한 색을 띱니다. 왜냐고요? 양식장은 대부분 하얀 수조라 숨을 이유가 없기 때문이에요. 색을 감춰야 할 필요가 없으니, 진화해야 하는 이유도 사라진 거죠.

한편 산호초가 있는 열대 바다에 사는 물고기들은 빨강, 파랑, 노랑, 심지어 보라색까지 눈부시게 화려해요. 이곳에서는 화려함이 오히려 전략입니다. 주변 생물들도 다들 튀는 색을 하고 있다 보니, 도리어 '튀는 색'이 기본값이 된 거죠. 너무 많은 색이 뒤섞

열대어의 한 종류인 디스커스의 화려한 모습

이면 누가 누군지 구분하기 힘들어지는, 일종의 '혼란 속 위장술'
인 셈이에요.

　어떤 물고기들은 상황에 따라 색을 바꾸기도 합니다. 문어나
갑오징어는 몸에 색소 세포가 있어서 주변 색에 맞춰 순식간에
색이 변해요. 카멜레온과 같은 모습이죠. 이처럼 물고기의 색은
포식자를 피하고 환경에 적응하기 위한 진화의 결과입니다.

바다 생태계에서 포식자와 피식자의 관계는 속이고, 유혹하고, 숨어야 하는 복잡한 생존 기술의 정점을 보여 주는 것 같아요. 깊은 바다에는 눈에 잘 띄지 않기 위해, 혹은 더 잘 보이기 위해 극단적인 전략을 택한 물고기들이 산다면서요?

네, 맞아요. 먼저 빛을 내는 물고기들을 볼까요? 햇빛이 거의 닿지 않는 심해에서는 눈으로 볼 수 있는 시야가 매우 좁습니다. 이런 환경에서 일부 물고기들은 스스로 빛을 내는 **생물 발광**bioluminescence이라는 전략을 택했어요. 대표적인 예로 '샛비늘칫과'의 물고기들이 있는데, 우리나라 동해안에서도 드물게 발견됩니다.

이들이 빛을 내는 이유는 여러 가지로 알려져 있어요. 짝짓기 신호로 자신을 알리거나, 포식자를 놀라게 해 도망칠 시간을 벌기도 하죠. 가장 흥미로운 건 자기 그림자를 없애는 위장술이에요. 중간 심해층mesopelagic zone처럼 약한 햇빛이 스며드는 깊이에서는 생물의 몸에 그림자가 생기는데, 포식자는 이 그림자를 단서로 먹잇감을 찾기도 합니다. 그런데 물고기가 배 쪽에서 빛을 내면 아래로 생기는 그림자를 감출 수 있어요. 마치 투명 망토를 두른 것처럼 말이죠.

한편 몸을 감추는 전략도 있습니다. 바로 모랫바닥에 눕는 물고기들이죠. 넙치나 가자미처럼 바닥에 바짝 붙어 지내는 물고기들은 어릴 땐 플랑크톤처럼 물속을 떠다니지만, 자라면서 몸이 옆으로 눕고 양쪽에 있던 눈도 한쪽으로 몰리게 돼요. 바닥에 엎드려 위장하며 살아가는 거죠.

위장은 포식자의 전략이기도 해요. 넙치나 홍어는 움직이지 않고 기다리다가 먹잇감이 가까이 오면 순식간에 공격합니다. 아귀도 진흙 속에 숨어 있다가 큰 입으로 단번에 사냥하죠.

발광하는 물고기와 모래 위에 누운 물고기. 이 둘은 전혀 달라 보이지만, 사실은 같은 질문에 대한 해답이에요. '어떻게 살아남을까?'라는 질문 말이죠.

물고기들에게는 짠 바닷물 속에서 끊임없이 몸의 균형을 지켜 내는 것도 중요하다면서요?

물고기들은 그저 유유히 헤엄치는 생명체처럼 보이지만, 사실 매 순간 바닷물과 치열한 싸움을 벌이고 있어요. 그 싸움의 중심엔 다름 아닌 '소금', 즉 염분이 있답니다.

혹시 바닷물을 맛본 경험이 있나요? 생각보다 많이 짜서 놀랐을 거예요. 바닷물은 평균적으로 3.4%, 즉 1L당 약 34g의 소금이 들어 있어요. 참고로 초코우유 속 코코아 파우더 함량이 보통

2~3% 사이예요. 바닷물이 얼마나 짠지 감이 오죠? 이건 그냥 짠 정도가 아니라, 물고기들의 몸속 수분을 앗아 갈 정도의 염분이에요.

물고기 몸속의 염분은 이보다 낮아서, 그대로 두면 몸속 수분이 바깥으로 빠져나가 쪼그라들 수 있어요. 우리가 오징어나 생선을 소금에 절이면 물이 빠지면서 쪼글쪼글해지는 것처럼 말이죠.

그런데도 바닷물고기들이 살아남을 수 있는 이유는 **삼투압**이라는 자연법칙에 맞서 특별한 방식으로 몸을 조절하기 때문입니다. 삼투압이란, 염분이 낮은 곳에서 높은 곳으로 물이 이동하려는 성질을 말해요. 물고기가 자기 몸보다 짠 바닷물 속에 있으면, 몸속 수분이 자꾸 밖으로 빠져나가겠죠. 그래서 바닷물고기들은 바닷물을 마시고, 그중 필요한 물만 흡수하고 염분은 아가미나 짙은 소변으로 배출해요. 물속에서 살아남기 위한 고도의 조절 전략인 거죠.

민물고기들은 상황이 정반대입니다. 민물에는 염분이 거의 없어서, 이번엔 물이 자꾸 몸 안으로 들어오려고 해요. 이렇게 되면 몸이 물로 넘쳐 '터질' 수도 있겠죠? 그래서 민물고기들은 끊임없이 묽은 소변을 배출하면서 수분을 조절해요. 마치 들어오는 물을 밖으로 계속 퍼내는 자동 물 펌프 같은 방식이죠.

더 놀라운 건, 이 두 환경을 자유자재로 오가는 물고기들도 있다는 거예요. 대표적으로 연어는 민물에서 태어나 바다로 나가 살다가, 다시 알을 낳으러 강으로 돌아오죠. 반대로 뱀장어는 바다에서 태어나 민물에서 성장하고, 다시 바다로 돌아갑니다. 이들은 생애 주기에 따라 염분 환경이 완전히 바뀌는 곳을 오가기 때문에, '바다형 몸'과 '민물형 몸'을 번갈아 가동할 수 있는 능력을 지녔어요. 말 그대로 몸의 생리 구조 자체를 바꾸는 거죠.

한편 짱뚱어처럼 갯벌에 사는 물고기들은 바닷물이 들어올 땐 짠물 속에서, 바닷물이 빠졌을 땐 염분이 낮은 웅덩이 속에서 살아가요. 염분 변화가 심한 환경에서도 유연하게 몸을 조절하며 살아가는 생존의 달인들이죠.

그런데 연어처럼 번식을 위해 자신을 희생하는 물고기들을 보면 그들에게 생존보다 더 중요한 가치가 있는 것처럼 느껴지기도 해요.

물고기들의 번식 전략은 다양합니다. 어떤 물고기들은 무리를 지어 동시에 알을 낳는 방식으로 살아남을 확률을 높이죠. 수십, 수백 마리의 어미가 한꺼번에 알을 낳는 이유는 단 하나예요. '우리가 다 먹히더라도, 몇 마리는 살아남겠지!'라는 전략이죠. 포식자에게 들키는 위험을 함께 나누는 방식이에요.

아주 치밀하게 알을 돌보는 물고기들도 있어요. 대표적인 예가 바로 말뚝망둥어입니다. 이 작은 물고기는 갯벌에 J 자 모양의 굴을 파요. 굴의 가장 깊은 곳에 암컷이 알을 붙이면, 수컷은 그 알이 안전하게 부화할 때까지 알을 지키며 기다립니다. 심지어 밀물 때 바닷물이 굴 안에 들어차 산소가 부족해지면, 수컷은 수면으로 올라가 공기를 머금고 와서 굴 안에 '공기 방울'을 만들어주죠. 굴속 알들이 숨을 쉴 수 있도록요.

이런 '돌봄의 전략'뿐 아니라 '어필의 전략'도 있습니다. 예를 들어 '돛양탯과'의 수컷들은 화려한 등지느러미를 펼쳐 이성을 유혹해요. 마치 바닷속 공작새처럼요. 말뚝망둥어 수컷 역시 크고 멋진 등지느러미를 이용해 다른 수컷과 경쟁하거나 암컷의 관심을 끌죠. 이런 특징은 모두 번식을 위한 진화의 산물입니다. 번식을 위해 몸의 일부를 장식처럼 바꾸는 건 육지 생물과 바다 생물의 공통된 전략이죠.

하지만 이런 번식 전략의 끝엔, 때로는 가슴 아픈 결말이 기다리고 있기도 합니다. 어떤 물고기들은 단 한 번의 산란을 위해 살아가다가, 번식을 마친 후 생을 마감하거든요. 말씀하신 연어는 수천 킬로미터를 헤엄쳐 강을 거슬러 올라가 알을 낳고, 그 자리에서 죽습니다. 가시고기 수컷은 알을 지키고 새끼를 돌보다 지쳐 죽는 일도 있죠. 놀라운 건, 일부 새끼들이 그런 아버지의 몸을 먹고 성장한다는 사실입니다. 아버지의 생명까지도 '종의 유

돌양탯과 물고기의 화려한 모습

지'를 위해 쓰는 셈이죠. 잔인하다고 느껴질 수 있지만, 자연에서
는 당연한 일일지도 몰라요.

결국 바닷속 물고기들이 보여 주는 모든 행동에는 하나의 목적
이 있습니다. 단순한 생존을 넘어서 자신을 이어 갈 새로운 생명
을 남기기 위한 본능, 즉 '종의 보존'이죠. 물고기들이 때로는 싸
우고, 숨고, 자신을 희생하면서도 그토록 번식에 집착하는 이유
는 바로 '나'가 아닌 '우리'를 위한 본능 때문입니다. 생존이 중
요한 건 맞지만, 생명의 진짜 목적은 그다음에 있어요. '살아남는
것'만큼이나 '살아 남기는 것'이 중요하니까요.

3장

바다를 움직이는 보이지 않는 힘

#식물플랑크톤 #생산자 #먹이사슬 #하향식조절

박사님, 바다처럼 다양한 생물이 사는 환경에서는 먹고 먹히는 관계가 굉장히 복잡할 것 같아요. 바닷속 먹이 사슬의 시작은 어디인가요?

그 시작은 **식물플랑크톤**입니다. 식물플랑크톤은 바닷물에 떠다니며 햇빛을 받아 광합성을 하고 스스로 에너지를 만들어 내는 아주 작은 생물이에요. 대부분은 현미경으로 봐야 할 만큼 작고, 외형은 식물처럼 생겼지만 식물은 아닙니다. 광합성을 하는 '조류(藻類)'라는 무리로, 해조류처럼 바닷속에서 살아가지만 대부분 단세포 생물에 가까운 미세 생물이에요. 참고로 여기서 말하

해양 식물플랑크톤의 다양한 형태

는 조류는 하늘을 나는 새가 아니라는 점, 헷갈리면 안 되겠죠!

식물플랑크톤은 여러 생물군이 섞여 있는 무리입니다. 이름인 '플랑크톤'은 '떠다니는 것'을 뜻하는 그리스어 '플랑크토스 πλαγκτός'에서 유래했어요. 바닷속에 둥둥 떠다니는 존재라는 뜻이죠. 놀랍게도 이 조그만 생물들이 만들어 내는 산소는 지구 전체 산소의 절반 이상을 차지한답니다. 크기는 작지만 '지구급 영향력'을 가진 존재인 셈이죠.

식물플랑크톤은 바다 생태계에서 '생산자' 역할을 해요. 육지에서 나무나 풀이 생태계 에너지의 출발점이 되듯, 바다에서는 식물플랑크톤이 그 역할을 맡고 있죠. 물론 해조류나 맹그로브 같은 식물도 있지만, 바다의 에너지 1차 생산량 중 무려 95% 이상을 식물플랑크톤이 책임지고 있어요. 눈에 보이지 않을 만큼 작지만, 바다 전체를 떠받치고 있다고 해도 과언이 아니죠.

식물플랑크톤을 동물플랑크톤이 먹고, 동물플랑크톤을 멸치가 먹고, 멸치를 고등어가 먹는 식으로 이어지는 관계를 **먹이 사슬**이라고 합니다. 하지만 실제로는 멸치를 고등어만 먹는 게 아니죠. 오징어도, 갈매기도, 인간도 멸치를 먹어요. 이렇게 한 생물이 여러 생물과 연결되어 있으면, 단순한 사슬이 아니라 거미줄처럼 얽힌 **먹이 그물**이 되는 거예요.

그리고 이 그물의 가장 아래, 출발점에 있는 게 바로 식물플랑크톤입니다. 이 작은 생물들이 만든 에너지가 먹이 사슬과 먹이 그물을 따라 차곡차곡 위로 전달되면서, 바닷속 수많은 생명을 먹여 살리는 거죠. 조그마한 멸치부터 거대한 고래까지, 결국 모두가 식물플랑크톤 덕분에 살아가는 셈이에요.

육지에서는 식물이 땅에 뿌리를 내리고, 바다에서는 식물플랑크톤이 물속을 떠다니는군요. 시작부터 다른 두 생태계의 전체적인 구조나 특징은 얼마나 다른가요?

육지에서는 식물이 '생산자' 역할을 합니다. 이 식물을 초식 동물이 먹고, 다시 그 초식 동물을 육식 동물이 잡아먹는 구조죠.

보통 이렇게 3단계 정도의 단순한 먹이 사슬이 흔해요. 식물은 땅에 고정돼 있고, 어떤 동물은 특정 식물만 골라 먹는 등 먹이 선택도 비교적 간단한 편이라 생태계가 수평적으로 단순한 층을 이루는 거예요.

그런데 바다는 완전히 다릅니다. 바닷속에서는 생물들이 둥둥 떠다니고, 먹잇감도 사방에 흩어져 있어요. 그렇다 보니 먹이 선택의 폭이 넓고, 다양한 생물을 먹는 일이 흔하죠. 먹고 먹히는 관계가 훨씬 복잡해지는 이유입니다. 게다가 바다 생물 중에는 '잡식성'이 많기도 합니다. 꼭 먹으려던 게 아니어도, 눈앞에 있으면 일단 먹는 것이죠.

이처럼 바다 생태계는 육지보다 먹이 단계도 많고, 생물 사이 관계도 훨씬 복잡해요. 똑같이 생산자에서 출발해 에너지가 위로 전달되지만, 그 경로가 훨씬 다양하고 유동적이죠. 이런 차이를 알고 나면, 바다가 단순한 물 덩어리가 아니라 정교하게 짜인 생명의 네트워크라는 걸 더 잘 느낄 수 있을 거예요.

식물플랑크톤은 죽은 다음에도 중요한 역할을 한다면서요.

깊은 바닷속에는 눈이 내립니다. 겨울에 내리는 차가운 눈은 아니고, 아주 특별한 이름의 **바다 눈**marine snow이에요. 과학자들

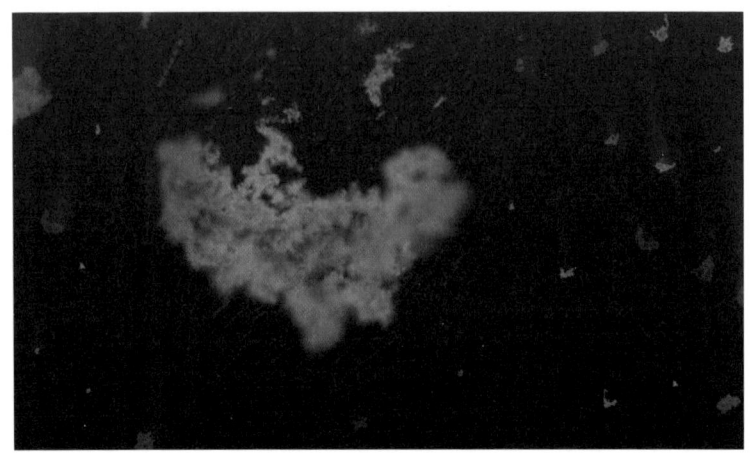
바다 눈이 내리는 모습

이 심해에서 조명을 켰을 때 하얗고 부스러진 조각들이 조용히 가라앉는 모습을 보고 붙인 이름이죠.

　이 바다 눈은 바다 위쪽, 햇빛이 드는 표층에서 시작됩니다. 그곳에는 광합성을 하는 식물플랑크톤이 살고 있죠. 이들은 바다 생태계의 '생산자'로서, 햇빛을 에너지로 바꿔 다른 생물들에게 먹이를 제공하는 출발점이에요. 그런데 식물플랑크톤도 언젠가는 잡아먹히거나 죽게 되죠. 그 과정에서 생기는 찌꺼기, 배설물, 미세한 유기물이 점점 뭉쳐 무거워지면 마침내 바닷속 깊이 가라앉기 시작해요.

　하지만 바다 눈은 단순한 쓰레기가 아닙니다. 이 유기물 덩어리는 빛이 없는 깊은 바다에서 살아가는 생물들에게 매우 소중한 먹잇감이 되죠. 바다 눈이 내려오는 순간, 심해 생물들은 마치 하늘에서 떨어지는 선물을 받는 셈이에요.

바다 눈은 지구 환경에도 중요한 일을 해요. 식물플랑크톤이 광합성으로 이산화탄소를 흡수하면, 그 탄소는 플랑크톤 몸속에 저장됩니다. 그리고 죽은 뒤 바다 눈이 되어 가라앉을 때, 탄소도 함께 바닷속 깊은 곳으로 이동하게 되죠. 이처럼 바다는 이산화탄소를 묻어 두며 지구의 온실가스를 줄이는 데 도움을 주고 있어요. 이 과정을 '생물학적 탄소 펌프'라고 합니다.

가끔은 아주 큰 눈송이도 바닷속으로 떨어져요. 바로 **고래 낙하** whale fall입니다. 고래처럼 커다란 동물이 죽어 바닷속 깊이 가라앉으면, 그 고기를 먹기 위해 물고기, 갑각류, 미생물 등 수많은 생물이 몰려들어요. 고래 한 마리는 오랜 시간 하나의 생태계를 지탱할 수 있을 정도로 크죠. 실제로 과학자들은 고래 대신 돼지 사체를 심해에 가라앉혀서 고래 낙하가 생태계에 어떤 영향을 주는지 연구하기도 했습니다. 하지만 고래 낙하는 드물어서, 대부분의 심해 생물은 꾸준히 내려오는 바다 눈에 더 많이 의존하고 있죠.

조용히 내리는 작은 바다 눈 안에는 생명의 에너지와 지구를 지탱하는 힘이 담겨 있어요. 햇빛에서 시작된 에너지가 하얗게 흩날리며 바다 깊은 곳까지 생명을 이어 주는 거예요.

바닷속 생태계가 구체적으로 어떻게 유지되는지도 궁금합니다.

바닷속 생태계는 마치 정교하게 맞춰진 퍼즐 같아요. 작은 조각 하나만 빠져도 전체 그림이 영향을 받죠. 이 퍼즐의 중요한 조각 중 하나가 바로 식물플랑크톤입니다. 너무 작고 투명해서 눈에 잘 띄지 않지만, 이 작은 생물이 바다 생태계를 움직이는 출발점이에요. 이들은 광합성을 통해 에너지를 만들고, 그 에너지는 동물플랑크톤을 거쳐 작은 물고기, 큰 물고기, 그리고 상위 포식자로 점차 전달돼요.

만약 어느 해 식물플랑크톤이 갑자기 많아지면 어떻게 될까요? 그걸 먹는 동물플랑크톤도 늘어나고, 이어서 그들을 먹는 작은 물고기도 많아지고, 결국 상위 포식자까지 영향을 받겠죠. 이렇게 아래 단계 생물의 변화가 위로 올라가며 생태계 전체를 흔드는 현상을 **상향식 조절** bottom-up control이라고 불러요.

하지만 반대의 경우도 있어요. 예를 들어 상어나 다랑어처럼 바다의 상위 포식자들이 남획으로 줄어든다면 어떻게 될까요? 이들이 사라지면, 그들에게 잡아먹히던 중간 단계의 물고기들이 갑자기 늘어나고 이들이 아래 단계의 생물들을 과도하게 먹으면서 식물플랑크톤까지 영향을 받을 수 있어요. 이렇게 위쪽 생물의 변화가 아래로 전해지는 현상을 **하향식 조절** top-down control이라고 해요.

미국 캘리포니아 해안의 바닷속 '켈프숲kelp forest'을 예로 들어 볼까요? 이곳의 해초 숲은 울창하고 다양한 해양 생물들의 집이었는데, 어느 날 갑자기 사라졌어요. 원인은 성게였습니다. 성게는 해초를 갉아 먹는 동물인데, 갑자기 그 숫자가 폭발적으로 증가하면서 해초를 다 먹어 버린 거죠.

그런데 왜 성게가 이렇게 많아졌을까요? 바로 해달이 사라졌기 때문이에요. 해달은 성게를 잡아먹는 포식자인데, 인간의 사냥과 해양 오염 등으로 해달 개체 수가 줄어들면서 성게를 잡아먹을 천적이 사라진 거예요. 결국 꼭대기 포식자인 해달의 감소가 하위 생물인 성게와 해초까지 영향을 미친 거죠. 이것이 바로 '하향식 조절'입니다.

비슷한 일이 북태평양의 '알류샨열도Aleutian Islands'에서도 일어났어요. 그곳 무인도에는 바닷새가 많았고, 바닷새는 고둥류를 잡아먹고 고둥류는 해조류를 먹으며 생태계가 균형을 이루고 있었죠. 그런데 어느 날 해조류가 급격히 줄었고, 그 이유를 조사해 보니 의외의 원인이 발견됐어요. 바로 쥐였습니다. 사람들이 오가는 배를 통해 섬에 쥐가 유입됐고, 이 쥐들이 바닷새의 알을 먹어 버린 거예요. 바닷새가 줄자 고둥류 수가 급격히 늘었고, 고둥류가 해조류를 먹어 치우면서 생태계가 무너졌죠. 이 역시 인간의 활동이 시작점이 된 '하향식 조절'이에요.

이 두 사례에서 알 수 있듯, 바다 생태계는 매우 민감하고 유기적으로 연결되어 있습니다. 인간의 작은 개입도 생물 간의 균형을 깨뜨릴 수 있죠. 꼭대기 생물이 사라지면, 그 영향은 단순히 그 생물에게만 그치지 않고 아래 단계 생물들에게도 깊고 넓게 퍼져 나갑니다.

그래서 바다 생태계를 지키려면, 어떤 생물 하나만 보호하면 안 돼요. 그 생물이 어떤 관계 속에 놓여 있는지를 함께 살펴보고, 전체 먹이 그물의 흐름을 이해하는 것이 더 중요합니다.

인간의 작은 행동이 바다 생태계에 영향을 주는 일도 꽤 많을 것 같아요.

생태계의 연쇄 반응은 꼭 먹고 먹히는 생물들 사이에서만 일어나는 건 아닙니다. 인간의 사소한 행동 하나가 바다를 완전히 뒤흔들기도 하죠. 그 대표적인 예가 바로 **적조**예요.

적조는 바닷속에 사는 조류, 즉 식물플랑크톤이 갑자기 엄청나게 늘어나면서 바닷물이 붉게 변하는 현상입니다. 붉은 색소를 가진 조류가 많아 '붉을 적(赤)' 자를 써서 '적조(赤潮)'라고 부르죠.

조류의 이러한 대량 번식을 부추기는 것이 바로 **영양염**입니다.

영양염은 플랑크톤이 자라는 데 꼭 필요한 질소와 인 같은 영양분을 말해요. 그런데 인간이 사용한 비료나 생활 하수가 강이나 바다로 흘러 들어가면, 바닷속 영양염 농도가 높아지고 그 결과 플랑크톤이 폭발적으로 늘어납니다.

붉게 물든 바다는 보기엔 그저 신기해 보여도, 바다 생물들에겐 큰 위협이 됩니다. 낮에는 광합성을 하던 조류가 밤이 되면 산소를 소비하기만 하거든요. 그런데 조류가 지나치게 많아지면, 밤사이 바닷속 산소가 급격히 줄어들면서 물고기나 조개 등의 생물이 질식사하게 되죠. 특히 바다 생물들이 도망칠 수 없는 양식장에서는 피해가 더 커집니다.

이처럼 적조는 바다 생물뿐 아니라 양식업에도 큰 피해를 주기 때문에, 우리나라에서는 적조를 예측하려는 노력이 계속되고 있어요. 대표적으로 국립수산과학원에서는 '며칠 안에 적조가 생길 확률이 높다.'라는 예보를 보내는 시스템을 운영하고 있답니다.

그런데 적조의 원인이 꼭 내부에만 있는 건 아니에요. 외부에서 원인이 유입될 수도 있습니다. 한 사례로 선박의 평형수가 있어요. 배가 짐을 가득 싣고 떠났다가 항구에서 다 내리면 너무 가벼워져서 균형이 깨질 수 있습니다. 그래서 바닷물을 실어 배의 무게 중심을 맞추는데, 이게 바로 평형수예요. 그런데 그 물 안에 다른 나라에는 없는 조류나 플랑크톤, 심지어 미생물까지 함께

적조가 생긴 바다의 모습

실려 가죠. 실제로 동아시아 국가에서 평형수를 실은 배가 오스
트레일리아에 도착한 뒤, 현지에서 적조를 일으킨 사건도 있었어
요. 이 일은 국제 갈등으로 번질 뻔했고, 이후 국제적으로 평형수
관리 규약이 만들어졌습니다.

　이런 사례를 보면, 인간도 바다 생태계의 일부이자 큰 변화를
일으킬 수 있는 존재라는 걸 알 수 있어요. 인간의 행동 하나가
상위 포식자의 수를 줄이기도 하고, 전혀 생소한 생물을 바다에
데려오기도 하니까요. 무심코 흘린 오염물이나 비료 속 영양염이
바다 생태계 전체의 균형을 흔들 수 있어요.

바다는 단순히 아름다운 풍경이 아니라, 수많은 생명이 복잡하게 연결된 살아 있는 시스템입니다. 그리고 그 균형을 지키는 책임이 우리 인간에게 있다는 사실을 꼭 기억해야 합니다.

생태계의 균형이 중요하다고 하셨는데, 바닷물 온도가 달라지면 바다 생태계에는 어떤 변화가 생길까요? 물고기들은 어떤 바다를 더 좋아할까요?

사람들 대부분은 따뜻한 바다가 생물이 살기 좋은 곳이라고 생각해요. 따뜻한 바닷물은 포근해 보이고, 열대의 산호초 풍경은 생명력이 넘쳐 보이니까요.

그런데 의외로, 물고기가 많은 곳은 따뜻한 바다가 아니라 차가운 바다랍니다. 왜 그럴까요?

그 이유는 바로, 차가운 바다에는 영양염이 풍부하기 때문입니다. 영양염은 식물플랑크톤이 자라는 데 꼭 필요한 비료 같은 물질이에요. 식물플랑크톤이 많으면, 그걸 먹는 동물플랑크톤도 많아지고, 이들을 먹는 작은 물고기, 그리고 그 물고기를 잡아먹는 큰 물고기까지 먹이 사슬이 차곡차곡 잘 이어지게 되죠.

반면에 따뜻한 바다는 조금 달라요. 다양한 생물들이 살긴 하지만, 각각의 개체 수는 적죠. 종류는 많지만 서로 치열하게 경쟁하다 보니 한 종이 크게 번성하기는 어렵기 때문입니다. 게다가 따뜻한 바다는 깊은 곳에 있는 영양염이 표면까지 잘 올라오지 않아요. 그러니 물고기들의 먹이인 식물플랑크톤도 잘 자라지 못하고, 어떤 지역은 아예 '바다의 사막'처럼 생물이 거의 없는 곳이 되기도 합니다. 물론 열대 지역의 산호초처럼 예외적인 생태계도 있긴 하지만요.

요약하자면, 차가운 바다는 생물의 양이 많고, 따뜻한 바다는 생물의 종류는 많지만 양은 적습니다. 바다에서도 '풍요로운 곳'과 '척박한 곳'이 나뉘는 셈이죠.

따뜻한 바다에는 햇빛도 많고 생물의 종류도 많은데, 왜 물고기들의 먹이가 상대적으로 적은 걸까요? 차가운 바다와 무슨 차이가 있는지 자세히 설명해 주세요.

지구가 점점 더워지고 바다 표면의 수온이 오르면서, 바닷속에는 눈에 보이지 않는 '벽'이 생기기 시작했어요. 과학자들은 이걸 **뚜껑 효과**라고 부릅니다.

일반적으로 따뜻한 물은 가볍고, 차가운 물은 무거워요. 그래서 원래는 이 둘이 자연스럽게 섞이면서, 깊은 바닷속에 있는 영양염이 위로 올라올 수 있었죠. 그런데 지구 온난화로 바다가 점점 데워지면서, 특히 대기와 맞닿은 바다 표면이 뜨거워졌어요. 그러면 따뜻한 물은 위에 떠 있고, 차가운 물은 아래 깔린 채 남게 돼요. 이렇게 되면 위아래 바닷물 사이의 밀도 차이가 점점 커지면서 두 물이 잘 섞이지 않게 되죠. 마치 따뜻한 물이 바다 위를 뚜껑처럼 덮고 있는 셈이에요.

해수면 근처에 사는 식물플랑크톤이 자라려면 깊은 바다에서 올라오는 영양염이 꼭 필요해요. 그런데 수온 상승으로 따뜻한 바닷물이 뚜껑처럼 떠 있으면서, 그 공급이 막히고 있는 거예요.

이런 현상은 열대 바다에서 특히 두드러집니다. 원래도 영양염이 부족한 곳인데, 수온 상승으로 바닷물이 더 잘 섞이지 않으면서 바다가 점점 사막처럼 변하고 있죠. 물고기들이 살기 힘든 곳이 되는 것입니다.

그러니까 지구 온난화는 단순히 바다를 덥게 만드는 게 아니라, 바다 생물들이 먹고살 수 있는 '밥상'을 치워 버리는 일이나 마찬가지예요. 바다는 점점 생물들이 살기 어려운 곳이 되고 있어요.

찜질방에 들어가면 처음에는 뜨거워도 좀 참고 있으면 괜찮아지잖아요. 그런데 물고기도 환경에 적응하는 동물인데, 바닷물 온도 변화는 왜 그냥 참고 견디지 못할까요?

우리 인간은 **항온 동물**입니다. 밖이 덥든 춥든 몸속 체온을 36℃ 정도로 일정하게 유지하죠. 에어컨에서 찬 바람이 쌩쌩 불어도, 사우나 안이 뜨끈뜨끈해도, 체온은 잘 변하지 않아요. 그 덕분에 기온이 10℃ 이상 바뀌어도 우리는 꽤 잘 버틸 수 있죠.

그런데 물고기는 달라요. 물고기, 개구리, 뱀, 거북이처럼 체온을 스스로 조절하지 못하는 동물들을 **변온 동물**이라고 부릅니다. 이들은 주변 온도에 따라 몸의 온도가 그대로 변합니다. 그래서 환경이 조금만 변해도 크게 영향을 받죠.

게다가 물은 공기보다 훨씬 밀도가 높고, 열도 빠르게 전달돼요. 그래서 같은 온도 차이라도, 물속에서는 더 심한 스트레스가 되죠. 과학자들은 "수온이 2℃만 올라가도 물고기에겐 재앙이다."라고 말할 정도예요.

물고기의 몸은 '딱 적당한 온도'에서 가장 잘 작동하도록 만들어졌어요. 온도가 조금만 달라져도 소화가 안 되고, 숨쉬기도 힘들고, 병에 걸리기 쉽죠.

그래서 물고기들은 수온이 달라지면 그 자리에 가만히 있지 않습니다. 조금이라도 살기 적절한 곳을 찾아 끊임없이 이동하죠. 그렇게 하지 않으면 살아남을 수 없으니까요.

어떤 동물들은 아예 '동면'을 선택하기도 해요. 말뚝망둥어는 겨울이 오면 땅속 굴을 파고 들어가 겨울잠을 자요. 개구리나 뱀이 추운 계절을 동면으로 버티는 것처럼 말이에요.

하지만 모든 물고기가 동면을 할 수 있는 건 아닙니다. 그래서 많은 물고기는 '살기 좋은 온도'를 찾아 바다를 떠돌아요.

명태가 우리 바다에서 사라진 이유도 물이 따뜻해져서일까요?

그런 의견도 있습니다. 동해의 표층 수온이 올라가면서, 명태 알이 부화하기에 산란 조건이 적절하지 않아 산란지가 북쪽으로 이동했을 가능성이 제기되고 있어요.

새우와 비슷한 크릴의 모습

　한편 먼저 자리를 옮긴 건 '먹이'였다는 이야기도 있습니다. 바닷속 작은 생물, **크릴**krill이 움직이면서, 그걸 먹고 사는 명태도 따라 떠났다는 가설이 있죠. 먹이가 먼저 움직이고, 그걸 먹는 생물이 따라가는 긴 바디에서 아주 흔한 일이거든요.

　크릴은 겉모습은 새우와 비슷하지만, 사실은 다른 생물이에요. 크릴은 '크릴새우'라고도 불리지만, 생물 분류로 보면 '난바다곤쟁이목*Euphausiacea*'에 속하고, 우리가 흔히 먹는 새우는 '십각목*Decapoda*'에 속해요. 둘 다 갑각류이지만, 크릴은 주로 차가운 바다에서 떠다니며 플랑크톤을 먹고, 새우는 다양한 환경에서 바닥을 기어다니며 먹이를 찾죠. 모양은 비슷해 보여도, 생태계에서

하는 역할도, 살아가는 방식도 다릅니다.

크릴은 10℃ 이하의 찬 바다에서 무리를 지어 떠다니며 살아요. 그런데 바닷물 온도가 올라가면서 크릴이 살기 좋은 곳이 점점 줄어들고 있죠. 크릴이 줄어들자, 그걸 먹고 사는 명태도 먹이를 찾아 더 깊은 바다나 북쪽으로 이동했을 가능성이 커요.

특히 명태는 어릴 때, 즉 유생 시기에는 먹이에 아주 민감합니다. 이때 크릴을 제대로 먹지 못하면 성장하기 어렵기 때문에, 먹이를 따라 이동하는 건 생존에 꼭 필요한 선택이었을 거예요.

흥미로운 사실은, 크릴이 줄어들자 명태가 다른 먹이를 먹는 걸 시도하는 모습이 보이기도 했다는 거예요. 예전에는 작은 부유 생물을 먹었지만, 큰 새우 같은 생물을 먹는 경우가 늘어난 거죠. 하지만 새로운 먹이에 적응해 완전히 자리를 잡는 건 쉽지 않은 일입니다.

먹이의 변화는 생태계 전체에 큰 영향을 줄 우려가 있습니다. 바다 생태계는 여러 생물이 서로 먹이 그물로 얽혀 있어서, 하나가 달라지면, 그 영향을 받은 생물들이 연쇄적으로 바뀔 수 있거든요. 이런 현상을 **도미노 효과**라고 불러요.

명태가 우리 바다에서 완전히 사라진 것은 아니랍니다. 아직도 연구소에서는 명태를 잡기도 하거든요. 다만 명태는 현재 '보호 대상 어종'이라서, 일반 어민이 잡으면 벌금을 내야 해요. 그래서

명태의 모습. 국립수산과학원에서는 명태 자원 회복을 위해
활어 명태를 잡아 오면 포상금을 주는 정책을 시행하기도 했다.

명태 연구도 쉽지 않은 상황이에요.

명태가 떠난 이유는 단순히 바다가 따뜻해져서만은 아니에요. 먹이가 사라졌기 때문일 가능성이 크죠. 먹이를 따라 바다를 떠나는 물고기의 모습은, 바다 생물들이 정교한 선택을 하며 살아간다는 걸 보여 줍니다.

언젠가 명태가 다시 돌아올 수도 있습니다. 그러기 위해선 바다의 변화를 꾸준히 관찰하고 연구해야 해요. 명태가 언제 나타나는지, 무엇을 먹는지, 크릴은 얼마나 있는지 등을 하나하나 알아내야 하죠.

바다를 이해한다는 건 '누가 누구를 먹고 사는지'를 아는 일입니다. 이 흐름을 알면, 바다가 살아 있는 하나의 생명 공동체임을 알 수 있죠.

명태가 먹이를 바꾸면 되지 않을까요? 굳이 크릴을 따라 이동해야 하나요?

그냥 다른 걸 먹으면 될 것 같지만, 생물들이 새로운 먹이에 적응하는 건 그렇게 간단하지 않습니다. 명태처럼 특정 먹이에 적응해 살아온 생물들은 새로운 먹이를 소화하기 어렵거나, 그 먹이를 두고 다른 생물과 경쟁해야 할 수 있기 때문이죠. 낯선 먹이를 찾기 위해선 '몸'과 '습성'을 바꿔야 하는데, 이런 변화에는 오랜 시간이 필요하거든요.

비슷한 일이 오스트레일리아 태즈메이니아Tasmania에서도 일어났어요. 태즈메이니아는 원래 차가운 바다였지만, 따뜻한 해류가 점점 강해지면서 따뜻한 바다에 살던 물고기들이 태즈메이니아로 내려왔죠. 그런데도 10년, 15년이 지나도록 그곳에 원래 살던 물고기들은 먹이를 바꾸지 못했어요. 이미 오랫동안 익숙해진 먹이와 생활 방식이 있었기 때문이죠.

물고기들은 오랜 시간 특정 먹이에 적응해 왔기 때문에 갑자기 다른 먹이로 바꾸는 건 쉽지 않습니다. 그래서 생물들은 두 가지 선택을 하게 돼요. 하나는 새로운 먹이에 적응하는 것, 다른 하나는 먹이를 찾아 이동하는 것이죠. 어떤 생물은 새로운 먹이에 적응하며 생태계 속 역할이 바뀌고, 어떤 생물은 더 나은 환경을 찾아 떠납니다. 그리고 안타깝게도, 변화에 적응하지 못하는 생물도 있어요.

명태는 '이동'을 선택한 생물이에요. 크릴이 사라졌을 때, 명태가 대체 먹이에 적응할 수도 있었겠지만 그렇게 변하려면 오랜 시간과 여유가 필요했습니다. 하지만 바다의 변화는 명태에게 그런 시간을 주지 않았죠. 결국 명태는 더 차가운 바다를 찾아 떠날 수밖에 없었어요.

인간이 기후 변화의 속도를 조절하지 않는다면, 명태처럼 먹이를 찾아 떠나는 생물들이 점점 늘어날 겁니다. 그렇게 되면, 우리가 아는 바다의 모습도 지금과는 달라지겠죠. 미래의 바다에는 어떤 생물들이 살아남을까요? 그 답은 바다를 얼마나 깊이 이해하고, 변화를 어떻게 관리하느냐에 달려 있어요.

명태 연구가 어려워진 지금, 박사님은 어떤 새로운 물고기나 바다 환경에 주목하고 계신가요?

명태 연구가 어려워진 뒤로 '명태랑 비슷한 환경에 사는 물고기는 없을까?'를 고민하다가, 3년 전부터 참조기를 주목하기 시작했습니다. 우리가 굴비로 많이 알고 있는 참조기요. 참고로 시장에서 파는 굴비는 대부분 참조기가 아니라 부세로 만든 거래요. 진짜 참조기는 작고 귀해서 값도 꽤 비싸거든요.

참조기는 지금 서해에 살고 있어요. 그런데 서해라는 바다는 조금 독특해요. 바깥쪽이 막혀 있어서 마치 사발처럼 생긴 바다라고 보면 돼요. 이 사발 바다 바닥에는 수온이 10℃ 이하인 차가운 물 덩어리가 깔려 있습니다. 이 차가운 물속에는 크릴이 살고요. 참조기는 크릴을 정말 좋아해요. 그래서 크릴이 많은 곳이면, 참조기도 많이 있죠.

그런데 요즘 문제가 생겼어요. 서해 바닥의 차가운 물 덩어리가 점점 남쪽으로 내려가고 있습니다. 왜 그런지는 아직 확실히 모르겠어요. 기후 변화 때문일 수도 있고, 해류 흐름 때문일 수도 있죠. 하지만 확실한 건, 차가운 물이 움직이면 크릴도 따라 움직이고, 크릴을 먹는 참조기도 함께 이동한다는 것입니다.

결국 요즘 서해에서는 참조기 어획량이 점점 줄어들고 있어요.

개체 수가 줄어든 걸 수도 있고, 아예 중국 쪽으로 이동했을 수도 있죠. 그래서 저는 지금 이걸 추적하고 있어요. 크릴이 어디로 갔는지, 참조기가 어디로 이동했는지, 이런 걸 하나하나 따라가 보는 거죠.

이 연구는 참조기라는 물고기 한 종에 관한 것이 아닙니다. 바다는 수온 하나만 변해도 식물플랑크톤, 동물플랑크톤, 작은 물고기, 큰 물고기까지 연쇄적으로 변해요. 이렇게 작은 물고기 하나를 따라가다 보면, 바다가 얼마나 예민하게 변화하는지 알 수 있어요. 앞으로 우리는 어떤 물고기를 만나게 될까요? 바다는 지금도 계속 변하고 있습니다. 이제는 우리가 모두 고민해야 할 때예요. 기후 변화에 어떻게 대응할지, 수산업을 어떻게 지속 가능하게 할지를 말이에요.

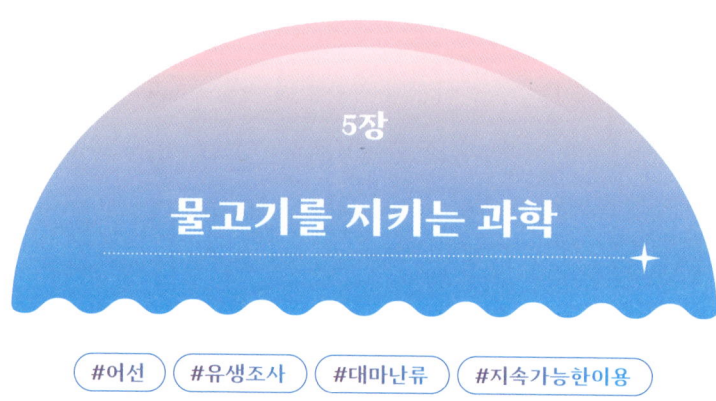

5장

물고기를 지키는 과학

#어선   #유생조사   #대마난류   #지속가능한이용

박사님이 생각하는 바다 연구의 매력은 무엇인가요?

저에게 바다는 늘 '질문을 던지는 존재'였어요. 언제나 그 자리에 있는데, 자세히 들여다보면 한순간도 같은 적이 없었죠. 물살, 빛의 결, 소리, 생물의 움직임까지…… 매일 바다는 다른 얼굴을 보여 줘요.

과학자에게 그건 엄청난 매력이에요. 우리가 다 알았다고 생각하면 바다는 늘 '아직이야.' 하고 속삭이죠. 실제로 지금까지 인간이 직접 탐사한 바다는 전체의 5%도 안 돼요. 그 말은, 아직

95%의 질문이 남아 있다는 뜻이죠.

또 하나의 매력은, 바다는 '혼자선 이해할 수 없는 세계'라는 거예요. 해류를 이해하려면 물리학이, 플랑크톤을 알려면 생명과학이, 바닷속 성분을 분석하려면 화학이 필요해요. 바다의 과거를 알기 위해선 지질학이, 미래를 예측하려면 기후학이 필요하고요. 그래서 해양과학자는 늘 협력하고 소통해야 해요. 다른 전공자들과 힘을 모으고, 새로운 시각을 받아들이며, 하나의 퍼즐을 같이 맞춰 나가는 거죠.

저는 그 과정이 정말 좋았어요. 혼자서 외롭게 연구하는 게 아니라, 전 세계 과학자들과 바다라는 하나의 언어로 대화하는 느낌이었습니다. 바다에는 아직 누구도 찾지 못한 비밀이 남아 있고, 해양과학자는 그걸 '함께' 알아내는 사람입니다.

바다를 연구하며 직접 현장에 나갔던 경험을 들려주세요.

바다 생물을 연구하려면 책상에만 앉아 있을 수는 없어요. 진짜 연구는 바다 한가운데서 시작되거든요. 저도 어선에 올라타 직접 표본을 채집하는 일을 자주 했습니다.

처음엔 어선 타는 게 쉽진 않았어요. 어부들과 함께 배를 타고 나가야 했거든요. 원하는 조사 지점에 가면 "여기서 잡아 주세

한국의 해양 연구선 온누리호.
1,422톤급의 온누리호는 먼바다까지 나가 탐사할 수 있다.

요!" 하고 부탁드리고, 그물 작업을 도왔어요. 계속 같이 배를 타
다 보니까 어느새 저도 반쯤 선원이 됐죠. 선원 보조 역할까지 하
면서 현장에서 표본을 수집했습니다.

이렇게 어선에서 표본을 채집하는 건 쉽지 않은 일이에요. 어
선은 연구를 위한 배가 아니라 물고기를 잡기 위한 배라서 시설
이 충분하지 않고, 파도에 심하게 흔들릴 때도 많거든요. 그래도
현장에서 생생한 데이터를 얻는 데는 정말 큰 도움이 됩니다.

해외에서는 이런 방식이 쉽지 않았어요. 우리나라나 동북아시
아처럼 어선을 쉽게 이용할 수 있는 곳이 별로 없었거든요. 그래

서 해외에서는 주로 연구선을 탔습니다.

연구선은 과학자들이 연구할 수 있도록 장비가 잘 갖춰져 있어요. 저도 연구선에서 10년 가까이 어류 유생이나 해양 생물 유생을 조사했습니다. 특히 기후 변화에 따라 따뜻한 바닷물에 사는 어린 물고기들이 북쪽으로 이동하는지 확인하는 연구를 했어요.

어선에서는 어부처럼, 연구선에서는 과학자처럼 직접 파도 위를 달리며 얻은 표본으로부터 바다의 변화를 하나하나 밝혀 가는 것, 그게 제 연구의 가장 큰 매력이에요.

물고기나 생물이 서식지를 옮기는 경우 어떤 방법으로 그런 변화를 알아채시나요?

물고기를 연구하다 보면, 다 큰 물고기보다 아주 작고 어린 물고기, 바로 **유생**을 먼저 찾고 싶어질 때가 많아요. 유생이 바다의 미래를 읽을 수 있는 열쇠이기 때문입니다.

요즘 저는 우리나라 근처를 지나는 따뜻한 해류, 특히 필리핀 부근에서 출발해 일본을 거쳐 대한해협을 지나 동해로 유입되는 **대마난류**에 주목하고 있어요. 이 해류를 따라 낯선 생물들이 점점 우리 바다에 나타나고 있거든요. 이런 변화를 제대로 이해하려면 성체 물고기만 보는 걸로는 부족합니다. 유생을 조사해야 하죠.

2024년에는 인도네시아에 서식하는 노랑점나비고기가
대마난류로 인해 통영과 제주도 연안에서 발견되기도 했다.

유생은 물고기의 아기 단계라, 아직 어디에 정착할지 정해지지
않았어요. 그래서 유생을 보면, 앞으로 어떤 생물이 이 바다를 차
지하게 될지 예측할 수 있습니다. 예를 들어 예전엔 제주도 근처
에서만 보였던 소라가 이제는 동해 삼척까지 올라왔어요. 10년 넘
게 유생을 관찰해 온 결과, 소라들이 북쪽으로 이동하는 걸 알 수
있었죠. 자리돔 같은 물고기도 마찬가지입니다. 이렇게 유생을 살
펴보면, 생태계 변화의 신호를 남들보다 먼저 알아차릴 수 있어요.
　하지만 유생은 정말 작고 연약해서 쉽게 찾을 수 없습니다. 바닷
물을 직접 채집하고, 현미경으로 조심스럽게 들여다보거나, 스쿠

버 다이빙을 통해 바닷속을 촬영하기도 해요. 물고기의 알부터 유생, 그리고 성장 과정을 하나하나 관찰하는 거죠. 이 작은 생명체를 통해 몇 년 뒤 우리 바다를 채울 물고기들을 미리 만나는 셈이에요.

물고기 연구를 하는 데 가장 어려운 점은 무엇인가요?

일단 전 세계적으로도 이 분야의 연구자가 몇 명 없어요. 한국에는 더더욱 적고요.

예를 들어 물고기 100마리가 있다고 해 볼게요. 그냥 두면 그 숫자가 크게 늘지도 줄지도 않고 자연스럽게 유지돼요. 문제는, 인간이 물고기를 잡기 시작하면 이 균형이 깨진다는 거예요. 그러면 우리는 고민해야 합니다. '얼마나 잡으면 100마리를 계속 유지할 수 있을까?' 하고요. 하지만 이걸 제대로 알아내는 게 정말 어렵습니다. 너무 많이 잡으면 종이 줄어들고, 너무 적게 잡으면 인간의 입장에서 자원을 충분히 활용하지 못하는 셈이 되죠. 그래서 딱 적당한 선을 찾는 게 어류생물학자들의 중요한 일이죠. 그런데 안타깝게도 이런 중요한 연구를 하는 사람이 별로 없습니다.

물고기 연구는 생각보다 힘들고, 솔직히 말해서 좀 '지저분한' 일도 많거든요. 물고기 잡으러 배 타야 하고, 물에 빠지기도 하고,

독도에서 치어를 채집하는 박주면 박사님

비 맞고 찬 바람 맞는 일도 부지기수예요. 요즘 학생들은 깨끗하고 멋진 연구실을 좋아하는 경향이 있어서, 이렇게 거칠고 손이 많이 가는 어류 연구에는 관심을 덜 두는 것 같아 아쉽기도 합니다.

심지어 대학에서 가르치는 교재도 상황이 열악해요. 저는 어류학, 어류분류학, 어류생물학, 어류해부학 같은 과목들을 가르치는데, 한글로 된 교과서가 거의 없습니다. 그래서 어쩔 수 없이 외국의 책을 일부 발췌하거나, 직접 유인물을 만들어 가르치고 있어요.

그래서 저는 간절히 바라고 있습니다. 미래에 이 분야를 이끌어 갈 젊은 연구자가 꼭 나왔으면 좋겠다고요. 물고기 연구와 바다 생태계를 지키는 일을 계속해 줄 누군가가 꼭 필요해요.

박사님 말씀을 듣다 보니 바다를 지키는 연구뿐만 아니라 어촌 현장에도 큰 위기가 오고 있다는 생각이 드네요. 요즘 어촌과 어업 현장은 어떤 상황인가요?

바다를 연구하는 일만 힘든 게 아닙니다. 요즘 어촌은 정말 심각한 위기를 맞고 있어요. 우리나라에는 '어업권'이라는 게 있습니다. 배 한 척마다 부여되는 권리인데, 이게 있어야 바다에서 물고기를 잡을 수 있어요.

그런데 문제는 어업권이 하나둘씩 사라지고 있다는 겁니다. 왜일까요? 이유는 생각보다 단순합니다. 물고기를 잡을 사람이 없기 때문이에요.

지금 어촌에서 배를 몰고 물고기를 잡는 분들은 대부분 연세가 많으세요. 세월이 흐르면 은퇴하시거나 돌아가시게 되겠죠. 그런데 물에 젖고, 비 맞고, 찬 바람 맞고, 수입도 예전만큼 안 되는 이 일을 누가 하려고 하겠어요?

아무리 좋은 배가 있어도, 아무리 값진 어업권이 있어도 일할 사람이 없으면 결국 모두 사라지게 됩니다. 배 한 척에 어업권이 수천만 원이나 된다는데, 요즘은 공짜로 준다고 해도 가져가는 사람이 없을 정도라고 해요.

이는 단순히 어촌 사람들만의 문제가 아닙니다. 바다에 물고기가 있어도, 정작 잡을 사람이 없어 우리가 먹지 못하는 날이 온다면 어떻게 될까요? 물고기 가격은 치솟고, 우리가 익숙하게 생각했던 식탁 풍경도 크게 바뀔 거예요.

게다가 어촌이 사라지면, 바다를 관리할 사람도 사라질 겁니다. 그러면 바다는 점점 더 망가지겠죠. 그래서 저는 진심으로 바라고 있어요. 바다를 사랑하는 이들, 생명을 아끼는 이들, 그리고 세상의 복잡한 문제를 이해해 보고 싶은 이들이 용기를 내서 바다로 나아가 주기를 말이죠.

바다 생태계를 조정하는 데 과학 기술이 활용된다는 이야기도 있던데요.

요즘 과학 기술은 놀라울 만큼 빠르게 발전하고 있습니다. 유전자 조작을 통해 더위에 강한 산호를 만들거나, 바다 생물을 대신할 배양육을 개발하는 것도 기술적으로는 가능해요.

하지만 과학에서는 '할 수 있느냐?'가 아니라 '해야 하느냐?'가 중요합니다. 우리가 자연을 인위적으로 바꾼다면, 그 결과가 어떤 부작용을 불러올지 아무도 확신할 수 없기 때문이에요.

그래서 자연을 바꾸기보다는, 자연을 존중하고 변화에 적응하며 함께 살아갈 방법을 찾아야 합니다. 요즘 과학계에서도 이런 방향이 점점 더 강조되고 있어요. **생태계 기반 관리**ecosystem-based management나 **지속 가능한 이용**sustainable use 같은 개념이 주목받는 것도 같은 이유에서죠.

현재 제가 진행하는 연구도 마찬가지입니다. '바다를 뜯어고치는 것'이 아니라, '변화하는 바다에 우리가 어떻게 적응하고 대비할 것인가'를 고민하고 있습니다. 기후 변화를 완전히 막을 수는 없지만, 변화에 현명하게 대응하고 자연과 조화롭게 살아갈 방법을 찾는 일, 이것이 앞으로 우리가 모두 함께 풀어야 할 중요한 과제입니다.

3부

바다의 처방전

1장

파도 속 약국

#천연물 #복어독 #청자고둥 #진통제

안녕하세요, 저는 바닷속 천연물에서 의약적 가능성을 찾는 해양 바이오 과학자 이연주입니다. 서울대학교 약학대학을 졸업하고, 같은 학교 대학원에서 석사 및 박사 학위를 받았어요. 현재는 한국해양과학기술원 해양생명자원연구부에서 연구원으로 일하며, 해양 생물에서 유래한 천연물의 발굴과 의학적·화학적 응용 가능성에 관해 연구하고 있습니다.

인간은 오랫동안 자연에서 상처를 고치고 질병을 치료할 약을 찾아왔습니다. 고대 의학을 집대성한 인물이자 '의학의 아버지'로 불리는 히포크라테스Hippocrates는 "자연은 최고의 의사다."

라고 말하기도 했죠.

감기약이나 피부 연고, 항생제와 같이 우리가 병원과 약국에서 흔히 접하는 약들은 대부분 육지 생물로부터 개발되었습니다. 예를 들어 진통제 및 해열제로 잘 알려진 아스피린은 버드나무 껍질에서 유래했고, 항생제인 페니실린은 실험실 배양 접시에 우연히 자란 곰팡이로부터 발견됐죠.

하지만 육지 생물로부터 약을 얻는 건 갈수록 어려워지고 있습니다. 우리가 아는 육지 식물이나 미생물 중에서는 약이 될 만한 성분을 이미 많이 찾아냈기 때문이죠. 새로운 성분을 찾으려면 더 낯설고 희귀한 생물을 연구해야 하는데, 그런 생물을 찾기는 점점 어려워지고 있습니다. 새로운 자원을 탐색하려면 더 넓은 세계로 눈을 돌려야 하겠죠? 저는 바닷속에서 그 해답을 찾고 있어요. 바다는 여전히 미지의 자원 창고이고, 저는 그곳에서 인류의 건강과 미래를 위한 실마리를 발견하고자 노력하고 있습니다.

요즘은 약도 공장에서 만들어지는 거 아닌가요?

앞서 예로 들었던 아스피린은 현재는 주로 화학 약품을 합성하는 방식으로 공장에서 대량 생산되고 있어요. 페니실린 역시 커다란 발효 탱크에서 배양된 곰팡이들이 뿜어낸 물질을 정제하는 방식으로 만들죠.

하지만 이처럼 모든 약을 공장에서 만들 수 있는 것은 아닙니다. 왜 그럴까요?

그건 많은 약이 자연에서 발견된 물질, 즉 **천연물**에서 출발했기 때문입니다. 어떤 약은 아주 복잡한 구조로 되어 있어서, 이를 인공적으로 하나하나 합성하려면 시간도 오래 걸리고, 비용도 많이 들고, 중간에 실패할 확률도 높아요.

특정 해양 생물이 만드는 독소나 희귀한 식물이 분비하는 화합물은 공장에서 완벽히 흉내 내기 어려운 화학 구조인 경우가 많습니다. 그래서 자연에서 그 성분을 추출해서 사용하거나, 그 구조를 연구해 더 간단하게 바꾼 후 부분적으로 합성하는 방식으로 개발하기도 합니다. 또 어떤 약들은 그 물질을 만들어 내는 미생물이나 식물을 직접 키워서 필요한 성분을 얻는 편이 훨씬 효율적이기도 하죠.

현재 우리가 사용하는 의약품의 70% 이상이 천연물에서 유래했다고 합니다. 이는 천연물이 약의 얼마나 중요한 원천인지 보여 주는 증거죠.

그런데 '천연물'이 정확히 어떤 의미인가요? 자연에서 얻은 물질은 다 천연물인가요?

좋은 질문이에요! 얼핏 보면 자연에서 얻는 모든 물질이 '천연물'일 것 같지만, 과학적으로는 좀 더 구체적인 기준이 있습니다. 일반적으로 천연물은 인간의 개입 없이, 동식물이나 미생물 같은 생명체가 스스로 만들어 내는 화학 물질을 말하죠. 하지만 모든 생물의 성분이 다 천연물인 건 아닙니다.

예를 들어 볼게요. 우리 몸에는 단백질, 피, 근육 같은 것들이 있어요. 이런 것들은 몸을 이루고 생명을 유지하기 위해 꼭 필요한 기본 재료예요. 하지만 우리가 뼈나 근육을 보고 '자연에서 얻은 특별한 물질'이라고 하진 않잖아요?

식물도 마찬가지예요. 꽃의 줄기나 잎, 열매는 그 식물 자체를 이루는 부분이에요. 그냥 식물의 몸 일부일 뿐이죠. 그래서 줄기나 잎을 특별한 물질로 여기진 않아요.

천연물이라고 부르는 건, 생물이 살면서 만들어 내는 독, 향기, 색소, 약효 성분 같은 특별한 물질이에요. 이런 건 생명이 살아가면서 주변과 소통하거나 자신을 보호하려고 따로 만들어 내는 물질이라, 과학자들이 분리해서 연구하죠.

천연물의 대표적인 예로는 카페인과 니코틴이 있습니다. 카페

인은 커피나무의 씨앗(커피콩)이나 차나무의 잎에 들어 있는데, 해충을 쫓거나 다른 식물의 성장을 방해하기 위해 만들어요. 니코틴도 비슷합니다. 담배 식물이 해충으로부터 자신을 보호하기 위해 만들어 낸 방어 물질이죠. 이처럼 특정 생물이 특정 목적으로 만든 특별한 화학 물질을 우리는 천연물이라고 부른답니다.

새로운 천연물을 찾는 데 바다가 해답이 될 수 있을까요?

바다는 아직도 우리가 잘 모르는 미지의 세계이고, 그곳의 생물들은 육지 생물과는 전혀 다른 환경에서 살아가기 때문에 전혀 다른 방식으로 특이한 물질을 만들어 내는 경우가 많아요. 그래서 색다른 약효 성분을 지닌 천연물을 발견할 가능성도 매우 크답니다.

예를 들어 해면이나 산호처럼 평범해 보이는 생물들에서 암이나 감염 치료에 효과적인 천연물이 발견되기도 해요. 또 바다 생물이 내뿜는 '독'은 강력한 진통제로 쓰일 수 있습니다.

이처럼 바다는 지금 과학자들에게 신약 개발을 위한 보물 창고로 주목받고 있어요. 앞으로 어떤 놀라운 물질들이 발견될지 기대되지 않나요?

정말 기대가 큽니다. 그런데 그동안 육지 식물로 약을 많이 만들었다면, 해양 생물은 왜 이제야 주목받는 걸까요?

인간이 육지 식물을 약으로 쓴 역사는 아주 오래됐습니다. 기원전 2600년경 메소포타미아 문명의 수메르인들이 남긴 점토판에는 무려 250종이 넘는 식물성 약재가 등장하죠. 그 안에는 우리가 잘 아는 버드나무 껍질, 양귀비, 마늘 같은 식물도 포함되어 있는데, 이들은 지금도 약의 원료로 쓰이고 있습니다.

문자로 남겨진 기록은 약 5,000년 전부터지만, 무려 5만 년 전 네안데르탈인의 무덤에서도 톱풀, 에페드라 같은 약용 식물의 흔적이 발견됐어요. 이런 고고학적 단서는 오래전부터 인간이 식물의 약효를 알고 활용해 왔음을 보여 주죠.

그에 비해 바다는 좀 달랐어요. 접근 자체가 너무 어렵다 보니, 오랫동안 연구의 손길이 닿지 못했죠. 얕은 바닷가조차 직접 들어가야 했고, 깊은 곳은 전문 장비 없이는 접근할 수 없었거든요. 스쿠버 장비가 보급된 20세기 중반이 되어서야 과학자들이 본격적으로 바닷속 생물을 채집할 수 있었고, 해양 천연물 연구도 1950년대에 들어서야 본격화했답니다.

지금까지 실제 약으로 개발된 해양 천연물은 20종도 채 안 되고, 탐사되지 않은 해역과 연구되지 않은 생물이 너무나 많아요.

바다는 아직 끝없는 가능성을 품은, 약의 보물 창고라고 할 수 있습니다.

해양 생물로 만든 약물 중 주목할 만한 사례로는 뭐가 있을까요?

복어를 먹다가 복어 독에 중독되면 위험하다는 얘기, 한 번쯤 들어 봤을 거예요. 그 무시무시한 독의 이름이 바로 **테트로도톡신** tetrodotoxin이에요. 아주 적은 양으로도 사람을 마비시킬 만큼 강력하죠.

테트로도톡신은 신경의 신호 전달을 멈추게 만드는 독입니다. 신경이 멈추면 몸은 통증을 느끼지 못하게 되죠. 쉽게 말해 몸이 고통을 느끼기 전에 그 신호를 아예 끊어 버리는 거예요.

과학자들은 이 작용에 주목했습니다. '이 독의 힘을 조절하면, 아주 심한 통증을 줄이는 데 쓸 수 있지 않을까?'라는 아이디어가 떠오른 거죠. 이런 신경 독성 물질은 중독되면 위험할 수 있지만, 아주 정밀하게 조절해서 사용하면 강력한 진통제가 될 수 있어요. 마치 날카롭고 위험한 칼을 제대로 쓰면 수술 도구가 되듯 말이죠.

실제로 이 물질을 활용한 진통제가 현재 임상 시험 중인데, 암이나 신경 손상으로 극심한 통증을 겪는 환자들에게 큰 희망이

복어의 독 테트로도톡신은 2mg만 먹어도 생명을 잃을 수 있다.

되고 있습니다. 게다가 우리가 자주 쓰는 진통제보다 훨씬 강력
하면서도, 중독에 대한 걱정이 적고 호흡을 멈추게 하는 부작용
도 거의 없다고 해요.

복어의 독에서 태어난 진통제라니, 과학의 힘이 정말 대단한 것 같
아요. 현재 판매되는 약 중에 해양 생물로 만든 것은 무엇인가요?

바다 달팽이의 일종인 '청자고둥'의 독으로 개발한 진통제 '프
리알트Prialt'가 널리 알려져 있습니다.
겉보기엔 작고 느릿한 달팽이처럼 보이지만, 사실 청자고둥은

열대·아열대 바다에 주로 서식하는 청자고둥의 독은 진통제로 활용되고 있다.

무시무시한 사냥꾼이랍니다. 육식성 포식자인 청자고둥은 바닷속
에서 아주 특별한 방식으로 사냥하죠. 입 근처에 숨긴 작살 모양
의 독침을 전광석화처럼 쏘아 먹이를 단번에 마비시키는 거예요.
이때 사용하는 독이 바로 **코노톡신**conotoxin이라는 신경독입니다.

　코노톡신은 신경 세포의 신호 전달을 가로막는 강력한 작용을
해요. 이 특성을 활용해 과학자들은 강력하면서도 중독성은 낮은
진통제를 개발했습니다. 그 결과 나온 게 바로 프리알트입니다.
모르핀보다 약 1만 배 강한 진통 효과가 있는 이 약은, 현재 병원
에서 실제로 사용되고 있죠. 이렇듯 바다 생물은 놀라운 방식으
로 과학자들에게 약물 개발의 실마리를 제공하고 있습니다.

진짜 신기하네요! 과학자들은 이런 천연물을 어떻게 찾아내나요?

청자고둥의 코노톡신을 처음 연구한 사람은 발도메로 올리베라Baldomero Olivera 박사예요. 그는 필리핀에서 태어난 생화학자로, 미국에서 박사 학위를 받은 뒤 DNA 효소를 연구했죠. 특히 유전공학 분야에서 중요한 효소인 대장균의 DNA 연결 효소를 발견하고, 그 작용 원리를 밝히는 데 크게 이바지했답니다.

DNA 연결 효소를 발견한 뒤 그는 1970년대 초에 고향인 필리핀으로 돌아가 독립적인 연구를 시작했어요. 하지만 당시 필리핀의 연구 환경은 미국과 비교해 장비나 자원이 턱없이 부족했죠. DNA 연구에 필요한 실험 재료를 구하기도 어려웠어요.

그런 상황을 극복하기 위해 올리베라는 눈을 돌렸습니다. 바로 필리핀 바닷가에서 흔히 볼 수 있는 청자고둥에 주목했죠. 그렇게 시작된 코노톡신 연구는 신경과학과 약리학 분야에서 획기적인 발견으로 이어졌어요.

올리베라 박사의 이야기는 과학이 단숨에 완성되는 게 아니라는 길 보여 줍니다. 다른 한편으론 어려운 조건 속에서도 창의적인 아이디어와 끈기 있는 노력이 있다면, 누구나 의미 있는 발견을 할 수 있다는 걸 증명한 사례죠.

앞으로도 바다 생물에서 더 많은 약이 나올 수 있을까요?

그럼요. 아직 연구되지 않은 해양 생물이 훨씬 더 많답니다. 바다는 우리가 아직 다 둘러보지 못한 세계예요. 물론 접근이 쉽지 않고 연구도 어렵지만 바로 그런 미지의 세계이기 때문에, 상상도 못 한 가능성이 숨어 있죠.

청자고둥도 예전엔 '무서운 독이 있는 바다 달팽이'로만 여겨졌지만, 지금은 심한 통증에 시달리는 환자들에게 희망이 되고 있어요. 이처럼 바다 생물들이 자신을 지키기 위해 만든 물질들이, 우리 몸의 병을 고치는 데 큰 실마리가 되기도 하죠. 그래서 바다를 지키는 일은 단지 환경 보호를 넘어서, 우리의 건강과 미래를 지키는 일이기도 합니다.

2장

바다는 왜 독을 품었을까?

#이온통로 #해면 #산호 #뉴클레오사이드유사체

독은 위험한 거잖아요. 왜 동물들은 스스로 독을 만들까요?

독을 만드는 건 뱀이나 전갈 같은 특별한 생물만의 일이 아닙니다. 바다에는 우리가 상상하는 것보다 훨씬 더 다양한 생물들이 살고 있고, 물고기나 산호처럼 예쁘고 평화롭게 보이는 생물들도 독을 만들죠.

바닷속에서 움직이지 못하는 생물들은 어떻게 살아남을까요? 해면, 산호, 해삼처럼 몸이 느리거나 아예 움직일 수 없는 바다 생물들은 도망칠 수도, 싸울 수도 없어요. 그래서 이들은 천적의 공격을 받거나 잡아먹히지 않기 위해 특별한 생존 전략을 선택했습니다. 바로 화학 방어, 말하자면 '화학 무기'를 쓰는 거죠.

예를 들어 해면은 독성 물질을 몸에 지니고 있는 경우가 많습니다. 다만 그 물질이 어떻게 해면 자신의 세포에는 해를 끼치지 않는지는 아직 명확히 밝혀지지 않았답니다. 어떤 해면은 상처를 입으면 그 부위에서 독성 물질을 만들어 내는 것으로 알려져 있어요. 평소에는 독성이 없는 안전한 물질로 있다가, 자극을 받으면 효소가 작동해 독으로 바뀌는 방식이죠.

그런데 독이 어떻게 약이 될 수 있죠?

사실 독과 약은 비슷한 출발점에서 시작합니다. 몸속에서 아주 강력하고 정밀하게 작용한다는 공통점이 있으니까요. 독은 생물이 자신을 보호하거나 먹잇감을 사냥할 때 쓰기 위해 만든 것입니다. 그래서 세포의 기능을 방해하거나 죽이는 능력이 아주 뛰어나죠. 그 강력함이 바로 약이 될 수 있는 이유이기도 합니다.

우리 몸에서 신경은 **이온 통로**ion channel를 통해 신호를 전달해요. 이온 통로는 세포막에 있는 아주 작은 문처럼 생긴 구조인데, 이온이라는 작은 입자들이 오가면서 신경 신호가 이동하죠. 그런데 어떤 독은 이 문을 딱 막아 버려서 신호가 끊기게 만들어요.

앞서 말한 청자고둥이라는 바다 생물은 사냥감을 마비시키기 위해 신경 세포의 이온 통로를 차단하는 독소를 만들어 냅니다. 이 독은 통증을 전달하는 신경만 정확하게 골라서 차단할 수 있을 정도로 정밀하죠. 그래서 과학자들은 이 독을 연구해서, 통증을 없애는 진통제로 개발한 거예요.

복어의 독인 테트로도톡신 역시 나트륨 이온 통로를 막아서 신경과 근육이 움직이지 못하게 만들어요. 이런 특징을 활용해서 정확하게 조절해 사용하면, 신경계 질환을 치료하는 약물로 쓸 수 있답니다.

이런 독성 물질은 세균이나 바이러스를 막는 데에도 사용됩니다. 해면이나 산호처럼 움직일 수 없는 바다 생물들은 자신을 보호하기 위한 물질을 만들어 내고, 과학자들은 이것을 신종 감염병이나 항생제 내성균 치료제 개발에 활용하고 있습니다. 항생제 내성균은 기존의 약이 더 이상 듣지 않게 된 세균을 말해요. 그래서 새로운 치료제가 절실하답니다.

결국 생물들이 생존을 위해 만든 독이 사람을 살리는 약으로 바뀌는 거예요. 바닷속 생물들이 만들어 낸 생존의 법칙 속에서 과학자들은 치료제의 실마리를 찾고 있습니다.

박사님은 특히 해면과 산호를 주로 언급하시던데, 특별히 주목하시는 이유가 있나요?

해면이나 산호는 바닷속에서 마치 바위처럼 보여서 식물이나 광물로 착각하기 쉬운데, 사실은 움직이지 않는 무척추동물, 즉 동물입니다. 이들은 바닷속에서 물을 걸러 먹는 방식으로 살아가죠.

앞서 이야기한 것처럼 이들은 움직이지 못하는 대신, 다양한 화학 물질로 자신을 방어해 왔어요. 그래서 해면처럼 고정된 바다 생물들은 약의 원천으로 과학자들의 주목을 받고 있습니다.

생김새도 독특한 해면의 속을 자세히 들여다보면 수많은 미생물이 함께 살고 있습니다. 이 미생물들이 서로 협력해서 다양한 화학 물질을 만들어 내는데, 이 중에는 사람의 병을 치료할 수 있는 약물 후보도 있어요. 그래서 해면뿐 아니라 그 안에 사는 미생물 또한 보물 같은 존재이죠.

산호도 마찬가지입니다. 겉보기엔 단단한 바위 같지만, 사실은 아주 작은 '폴립'이라는 동물들이 모여 사는 집합체예요. 산호 안에는 미생물, 조류(광합성 생물), 작은 갑각류 같은 다양한 생물들이 함께 살면서 작은 생태계를 이루고 있죠. 이들이 만들어 내는 화학 물질은 산호와 자신을 보호하기 위한 화학 무기가 됩니다.

태평양 미크로네시아 추크 해변의 해면

태평양 미크로네시아 추크 해변의 산호

예를 들어 어떤 물질은 쓴맛이나 독성을 내서 포식자가 다가오지 못하게 막고, 또 다른 물질은 세균이나 바이러스의 성장을 억제해서 병에 걸리지 않도록 지켜 줘요.

이렇듯 해면이나 산호, 그리고 그들과 공생하는 생물들까지 참여하는 화학 전쟁 덕분에, 정말 다양한 천연물들이 만들어지고 있습니다. 그래서 해양 생물 연구자들은 산호와 해면은 물론, 그들과 함께 살아가는 공생 생물들까지 함께 연구하고 있답니다.

해면을 활용해 만든 약이 있다면 소개해 주세요.

1969년 인류는 처음으로 해양 생물에서 유래한 의약품인 항암제 **시타라빈** cytarabine을 개발했습니다. 이 약은 카리브해에 사는 해면에서 얻은 성분을 바탕으로 만들어졌죠.

암세포는 계속해서 DNA를 복제해 정상 세포보다 훨씬 빠르게 자라고 분열합니다. 그런데 시타라빈은 우리 몸의 DNA 조각과 아주 비슷하게 생긴 가짜 부품이라, 모조품처럼 DNA 안에 끼어들어요. 그 결과 DNA 복제가 엉망이 되면서 암세포는 더 이상 자랄 수 없게 되죠.

이 과정은 지퍼를 잠그는 것에 비유할 수 있습니다. DNA의 염기들이 지퍼의 톱니처럼 딱딱 맞아야 복제가 잘되는데, 시타라빈

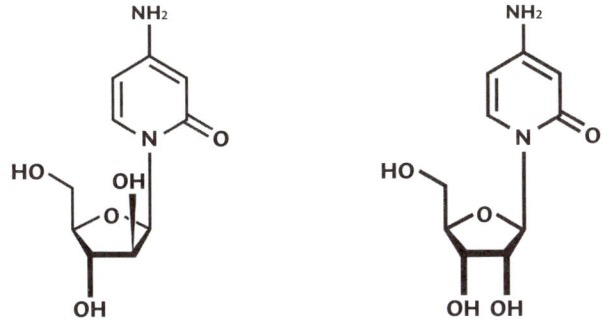

시타라빈의 화학 구조(왼쪽)와 우리 몸의 DNA 성분 중 시티딘의 화학 구조(오른쪽)

은 겉보기엔 멀쩡한 톱니지만 실제론 어긋나 있어서 지퍼를 멈춰 버리는 고장 난 조각 같은 역할을 하죠.

이와 비슷한 약으로는 **비다라빈**vidarabine이 있습니다. 이것 역시 해면에서 유래했고, 주로 바이러스와 싸우는 데 효과적이에요. 그래서 포진을 일으키는 헤르페스바이러스나 눈에 생기는 바이러스성 감염을 치료하는 데 쓰이죠. 작용 방식은 시타라빈과 거의 같습니다. 비다라빈도 유전 물질 속에 가짜 부품처럼 끼어들어 바이러스가 복제되는 걸 막아요.

이처럼 DNA나 RNA* 구성 요소와 비슷하게 생긴 약물들을 **뉴클레오사이드 유사체**nucleoside analog라고 부릅니다. 쉽게 말해, 유

---

* **RNA** 생명체의 유전 정보를 전달하고 단백질 합성에 중요한 역할을 하는 분자.

전 물질을 구성하는 부품을 흉내 낸 가짜 조각인 셈이죠.

참고로 시타라빈은 지금도 백혈병 치료에 사용되고 있지만, 비다라빈은 부작용과 안정성 문제로 점점 덜 쓰이게 되었고, 지금은 더 좋은 약들이 개발되어 거의 사용되지 않습니다. 하지만 이 두 약은 해면이 의약품 개발의 출발점이 될 수 있다는 것을 보여 준 역사적인 사례예요. 움직이지 않는 해면이 생존을 위해 다양한 화학 물질을 만들어 낸다는 사실은, 이후 많은 과학자가 해양 생물에 주목하게 만든 계기가 되었답니다.

항암제가 작동하는 원리가 세포 복제를 막는 거라면, 정상 세포에도 영향을 주지 않나요?

예전에는 암세포를 무차별적으로 공격하는 독성 물질이 효과적인 항암제의 상징처럼 여겨졌습니다. 암세포가 잘 죽기만 한다면, 정상 세포에 좀 피해가 가는 건 어쩔 수 없다고 생각했던 거죠. 하지만 그런 약은 암세포뿐 아니라 모낭, 소화 기관, 면역 세포처럼 세포 분열이 활발한 정상 세포까지 함께 파괴해 환자에게 심각한 부작용을 일으킬 수밖에 없어요.

그래서 과학자들은 더 이상 '무차별 공격' 전략을 택하지 않기로 했습니다. 요즘은 암세포만 정확히 겨냥해 약을 전달하는 정

해삼과 비슷하게 생긴 군소에서 얻은 독성 물질은 항암제로 활용된다.

밀 유도 항암제가 주목받고 있죠. 이 과정에서 특히 해양 생물에서 얻은 독성 물질이 다시 주목받고 있습니다.

대표적인 예가 **항체-약물 접합체**antibody-drug conjugate 기술입니다. 이 기술은 항암 성분과 항체를 연결해, 항체가 암세포에만 달라붙도록 하죠. 그러면 약물은 마치 정확한 주소지에 배달되는 택배처럼, 암세포에만 독을 전달할 수 있어요.

예를 들어 '군소'라는 해양 무척추동물에서 얻은 독성 물질은 세포를 빠르게 죽일 수 있을 정도로 강력하지만, 너무 독해서 단독으로는 약으로 쓰기 어렵습니다. 그런데 이 성분을 암세포만

인식하는 항체와 결합하면, 암세포에만 작용하고 정상 세포는 그대로 두는 항암제가 됩니다. 이처럼 바다 생물에서 얻은 독성 물질은 이제 진통제나 항암제처럼 정밀하게 쓰이는 방향으로 진화하고 있답니다.

이처럼 좋은 물질을 발견했다고 바로 약이 되는 건 아니겠죠?

맞아요. 좋은 성분을 찾았다고 해서 당장 약이 되는 건 아닙니다. 약으로 개발되기까지는 정말 오랜 시간과 복잡한 과정을 거쳐야 하거든요.

먼저 수많은 물질 중에서 약이 될 가능성이 있는 '후보 물질'을 고르는 일이 시작됩니다. 그다음엔 그 물질을 실험실에서 대량으로 만들 방법을 찾아야 하죠. 바다 생물처럼 자연에서 얻은 성분은 아주 소량밖에 얻지 못하는 경우가 많아서, 이를 똑같이 만들 수 있는 생명공학 기술이 중요해요.

후보 물질이 준비되면, 실험동물을 대상으로 안전성과 효과를 확인합니다. 그다음엔 실제 사람을 대상으로 하는 임상 시험 단계로 넘어가죠. 바다에서 찾아낸 신약 후보 물질이 임상 시험까지 가는 확률은 겨우 수천 분의 일에 불과합니다. 임상 시험에는 보통 수년이 걸리죠. 이 모든 과정을 통과해야만, 비로소 병원에서 쓸 수 있는 진짜 '약'이 되는 거예요.

요즘은 유전체 분석 기술이 발달하면서, 어떤 생물이 어떤 유전자를 통해 특정 물질을 만드는지 훨씬 정확하게 알 수 있게 되었어요. 합성생물학이나 유전자 재조합 기술을 활용해, 약을 만드는 유전자를 다른 미생물에 넣고 대량으로 약을 생산하는 전략도 활발하게 연구되고 있습니다. 예를 들어 바닷속 생물이 만드는 독소 관련 유전자를 세균이나 효모에 옮겨 키우는 거예요. 그러면 자연을 파괴하지 않고도 약이 될 성분을 안정적으로 만들 수 있겠죠.

바다의 '독'은 누군가에게는 위협이 되지만, 다른 누군가에게는 생명을 살리는 '희망'이 될 수 있답니다. 바닷속 생물들이 이렇게까지 우리 건강과 연결돼 있다는 사실, 참 신기하지 않나요? 아직 바다에는 밝혀지지 않은 생물이 훨씬 더 많아요. 그래서 지금도 많은 과학자는 바다를 탐험하며 새로운 생물과 성분을 연구하고 있습니다.

3장

약이 되기엔 먼 바다

#수율 #해면양식 #공생미생물 #합성생물학

약의 효능을 검증받는 과정도 어렵지만, 좋은 성분을 찾아도 개발이 힘들다면서요?

해양 신약 개발은 단순히 '좋은 성분을 찾았다!'로 끝나지 않아요. 오히려 그다음이 진짜 어려운 과정의 시작이죠.

예를 들어 어떤 해면동물에서 암세포를 죽이는 강력한 성분이 발견됐다고 해 봅시다. 엄청난 발견이죠! 그런데 이 성분 300mg을 얻으려면 해면을 무려 1톤이나 채집해야 합니다. 감이 잘 안 오죠? 300mg은 감자튀김에 살짝 뿌리는 소금 한 꼬집, 혹은 머리카락 서너 가닥 무게밖에 안 돼요. 손에 올려도 거의 안 느껴질 정도로 적은 양이죠.

게다가 채집된 해양 생물에서 실제 약 성분이 얼마나 나올지는 그때그때 다릅니다. 이를 **수율**이라고 하는데, 수율이 낮으면 아무리 많은 생물을 모아도 실험하기에는 그 양이 부족해요. 실제로는 대부분 1~2mg, 많아야 수십 밀리그램 수준으로밖에 추출되지 않죠.

이렇게 어렵게 얻은 물질은 항암, 항균, 또는 특정 질병 단백질과의 결합 실험 등에 사용됩니다. 그런데 대부분의 생물학적 실험은 '비가역적'이에요. 즉 한 번 실험하면 그 물질은 사라져서 다시 쓸 수 없죠. 그래서 1mg이라도 정말 신중하게 써야 합니다.

물론 구조 분석 같은 실험은 다행히 물질을 회수할 수 있어요. 예를 들어 핵자기 공명법NMR*이나 엑스선 결정학 같은 방법을 쓰면, 아주 적은 양으로도 분자 구조를 파악할 수 있거든요.

이처럼 바다에서 약을 찾는다는 건, 단순히 생물을 채집하는 걸 넘어선 일입니다. 아주 희귀한 성분을 아주 적은 양만 추출해서, 그게 정말 약이 될 수 있을지를 검증하고, 나중엔 대량 생산까지 고민해야 하죠. 그래서 해양 신약 개발은 수년, 길게는 수십

---

* **핵자기 공명법** 원자핵이 전자기파와 공명하는 현상을 이용해 원자나 분자의 구조와 특성을 알아내는 분석 방법.

년이 걸리는 지난한 여정이에요.

해면에서 나오는 약 성분이 귀하고 비싸다면, 그냥 해면을 키우면 되지 않나요?

과학자들도 같은 생각을 했답니다. 바다에서 어렵게 생물을 채집하지 말고, 차라리 양식해서 안정적으로 성분을 얻자는 거였죠.

대표적인 예가 **브리오스타틴**bryostatin이라는 물질이에요. 해양 이끼벌레*Bugula neritina*에서 발견된 이 물질은, 한때 암이나 알츠하이머 치료 후보로 임상 시험까지 진행됐지만 결국 효과를 입증하지 못하고 실패했죠. 과학자들은 이 물질을 안정적으로 확보하기 위해 이끼벌레를 직접 양식했어요. 그런데 놀랍게도, 양식한 개체에서는 브리오스타틴이 거의 생성되지 않았어요. 왜 그랬을까요?

알고 보니, 진짜 주인공이 따로 있었거든요. 바로 '공생 미생물'입니다. 바다 생물들은 사실 혼자 사는 게 아니라, 몸 안팎에 다양한 미생물과 함께 살아가죠. 어떤 미생물은 자신이 기생하는 생물에게 영양을 주거나, 독성 물질을 만들어서 천적으로부터 보호하기도 해요.

예를 들어 복어의 독, 테트로도톡신도 사실 복어가 직접 만드는 게 아니라, 복어와 공생하는 미생물이 만드는 겁니다. 복어를 양식하면 미생물이 사라지거나, 환경이 달라져서 독이 안 만들어지죠.

브리오스타틴도 마찬가지예요. 해양 이끼벌레가 아니라, 그와 함께 사는 미생물이 만들어 낸 것일 가능성이 커요. 그래서 양식만으로는 원하는 성분을 얻기 어렵죠.

해양 생물이 만든다고 생각했던 약 성분은, 바닷속에서의 아주 복잡한 생명 공동체가 만든 것이었어요. 해면 하나가 아니라, 그 안에 살고 있는 미생물들, 주변의 물 환경, 먹이, 온도, 심지어 빛까지도 성분 생산에 영향을 줄 수 있어요. 마치 오케스트라처럼, 여러 요소가 맞아떨어져야 제대로 된 '연주', 즉 약 성분이 만들어지는 거죠.

양식이나 배양으로 물질을 확보하는 데 성공한 경우는 없을까요?

물론 양식이나 배양이 전혀 불가능한 것은 아닙니다. 대표적인 예로 **삭시톡신** saxitoxin이라는 독소가 있어요. 이 독소는 바다에서 적조 현상을 일으키는 식물플랑크톤이 만들어 내는 물질입니다. 홍합 같은 조개는 식물플랑크톤을 먹고 사는데, 그 과정에서 플랑크톤이 만든 독소가 몸속에 쌓이기도 해요. 만약 사람이 이 독이 들어 있는 조개를 먹으면, 신경이 마비되는 위험한 상황이 생길 수 있죠.

그런데 이 독소는 역설적으로 신경계 치료제로 사용될 수도 있습니다. 문제는 조개 안에 있는 독의 양이 너무 적어서, 약으로 쓸 만큼 충분히 얻기가 어렵다는 거예요.

그래서 과학자들은 이 독을 잘 만들어 내는 플랑크톤을 찾아 실험실에서 대량으로 키우는 연구를 시작했습니다. 플랑크톤을 안정적으로 배양할 수 있다면, 필요한 만큼 독소를 얻고 정제해서 약으로 활용할 가능성이 생기죠.

이밖에도 과학자들은 유효 성분을 안정적으로 확보하기 위해 다양한 방법을 시도하고 있습니다. 첫 번째 방법은 공생 미생물을 따로 배양하는 것이에요. 해양 생물은 수많은 미생물과 함께 살고 있는데, 이 미생물들이 약 성분을 만들어 내는 경우가 많기 때문이죠.

두 번째는 유전체 분석을 활용하는 방법입니다. 해양 생물이 약 성분을 만드는 데 필요한 유전자를 찾아내고, 그 유전자를 다른 미생물에 넣어 실험실에서 대량 생산하는 거예요. 이렇게 유전자를 조작해 원하는 물질을 만드는 기술을 **합성생물학**이라고 해요.

이처럼 과학자들은 자연에서 일어나는 과정을 실험실에서 재현하거나, 자연을 모방해서 유용한 성분을 인공적으로 만들어 내려는 다양한 시도를 하고 있습니다. 이 모든 노력이 해양 생물로부터 안전하고 효과적인 신약을 개발하기 위한 중요한 발걸음이죠.

해양 생물로 의약품을 개발할 때, 그 물질을 지속적으로, 윤리적으로, 기술적으로 확보할 수 있는지가 중요하겠네요.

정확해요. 해양 생물을 활용한 약물 개발에는 여러 어려움이 있습니다. 예를 들어 해양 생물은 염분이 많은 바닷물에서 살아가다 보니, 세포 속 환경이 육지 생물과는 다를 수 있어요. 그래서 실험실로 옮기면 세포가 금방 죽기도 하고, 성분을 추출할 때 소금이 방해 요소가 되기도 하죠. 이런 문제를 해결하려면 유효 성분이 손상되지 않게 보관하고 정제하는 기술이 함께 개발되어야 합니다.

또 하나는 자연 보호의 문제예요. 해면처럼 특정 지역에만 사는 생물을 무분별하게 채집하면, 종 자체가 사라질 수도 있어요. 바닷속 생태계를 무너뜨릴 수도 있고요. 약으로 쓸 만큼 충분한 양을 얻기 위해 수천 톤이 필요할 수도 있습니다. 그런데 이런 생물들은 자라는 속도가 아주 느려서, 실제로 그렇게 많은 양을 채집하는 건 거의 불가능하죠. 그래서 연구자들은 아주 적은 양으로도 강한 효과를 내는 물질을 찾거나, 미생물이나 유전자 기술을 이용해 실험실에서 대신 만들 방법을 고민하고 있습니다.

마지막으로, 이런 생물이 발견된 바다가 특정 국가의 영해에 있다면, 그 생물로 만든 약에서 얻는 이익을 해당 지역과 공정하게 나누는 것도 중요한 문제예요. 이를 '유전자원의 접근과 이익 공유'라고 하고, 국제적으로는 '나고야 의정서'라는 협약이 관련 원칙을 정해 두고 있죠. 유전자원이란 유전적 가치를 지닌 물질 또는 생물을 말합니다. 나고야 협약은 유전자원을 이용할 때 먼저 자원을 가진 나라의 허락을 받고, 이익을 공정하게 나누자는 내용을 담고 있어요. 생물 다양성을 지키고, 자원을 제공한 지역의 권리를 존중하자는 국제적인 약속인 셈이죠.

해양 생물로 신약을 개발하는 과정이 복잡하면서도 흥미로운 듯한데요, 가장 기억에 남는 연구 하나만 소개해 주실 수 있을까요?

코끼리 귀 해면에서 시작된 연구가 기억에 남아요. 이름이 귀엽죠? 이 해면은 태평양 미크로네시아 근처 바다에 사는 생물인데, 넓고 얇은 모양이 코끼리 귀처럼 생겨서 현지 주민들이 그렇게 부른대요. 놀랍게도, 이 해면에서 추출한 물질이 암세포를 죽이는 데 꽤 효과가 있었어요. 그래서 우리 연구 팀은 서울의 한 대

코끼리 귀 해면의 모습

형 병원과 협력해서 신약 개발에 도전했죠.

　그 병원은 주로 '방사선 치료'를 전문으로 하는 곳이었어요. 방사선 치료는 엑스선 같은 고에너지 방사선을 암세포에 쏘아 없애는 방식인데, 정상 세포도 함께 손상될 수 있다는 문제가 있어요. 그래서 방사선을 소금만 써도 암세포를 효과적으로 없앨 수 있도록 도와주는 감작제*가 꼭 필요했습니다.

＊　**감작제** 암세포의 방사선 민감도를 높여 방사선 치료 효과를 강화하는 약물.

그때 주목한 게 해면에서 추출한 두 가지 물질이었어요. 두 물질의 구조는 거의 비슷했지만, 끝부분의 고리 하나가 닫혀 있느냐, 열려 있느냐에 따라 효과가 달랐습니다. 닫힌 고리 구조는 단독으로 암세포를 강하게 죽이는 효과가 있었고, 열린 구조는 혼자선 큰 효과가 없었지만 방사선과 함께 쓰면 암세포를 훨씬 더 잘 죽였어요. 하나는 항암제 후보, 다른 하나는 방사선 감작제 후보로 아주 적합했던 거죠.

이후 저희는 이 물질들을 실험용 쥐에 투여해 봤어요. 암세포를 심은 쥐들을 '아무것도 안 한 그룹' '약만 쓴 그룹' '방사선만 쓴 그룹' 그리고 '약과 방사선을 함께 쓴 그룹'으로 나누어 실험했죠. 결과는 뚜렷했어요. 약과 방사선을 함께 쓴 그룹에서 암세포 크기가 눈에 띄게 줄었고, 쥐의 체중 변화도 거의 없어서 부작용이 적었습니다.

하지만 아쉽게도 연구는 거기서 멈춰야 했어요. 이유는 간단했죠. 해면에서 얻을 수 있는 물질의 양이 너무 적었거든요. 임상 시험은커녕 추가 동물 실험도 불가능한 수준이었어요. 그래서 저희는 언젠가 누군가 이 물질을 인공적으로 합성해 주기를 바라며 논문만 발표하고 마무리할 수밖에 없었죠.

사실 해양 천연물 연구자들에겐 이런 일이 흔해요. 우리는 신약의 '첫 단추'를 끼우는 사람들입니다. 유망한 물질을 발견하고,

약이 될 가능성을 보여 주는 것까지가 우리의 몫이죠. 그다음은 제약회사나 합성 전문가들의 일이에요. 꼭 신약 개발로 이어지지 않더라도 이런 실패와 멈춤도 결국 발견의 일부라고 생각해요.

해면 외에도 신약 후보 물질로 주목하는 바다 생물이 있을까요?

이런 질문을 종종 받으면, 저는 '해삼'을 이야기합니다. 보통 식재료로 알고 있지만, 사실 해삼은 꽤 흥미로운 생물이에요. 특히 해삼에서 나오는 **사포닌** saponin이라는 물질은 진통 작용, 항염 효과, 면역 조절 등 다양한 생리 효과를 보여 주었습니다. 사포닌은 인삼에 들어 있는 성분으로도 유명하죠. 해삼의 사포닌도 인삼의 그것처럼 당이 여러 개 붙어 있는 구조로 되어 있는데, 이 당의 수나 배열에 따라 효능이 다릅니다.

하지만 이런 물질이 있다고 해서 곧바로 약으로 개발되는 건 아닙니다. 가장 큰 걸림돌은 '양'이에요. 해삼에 사포닌이 들어 있긴 하지만, 그 농도가 일정하지 않고 매우 적기 때문에 약으로 쓸 만큼 뽑아내려면 엄청난 양의 해삼이 필요합니다. 설령 충분한 양을 확보하더라도, 그것이 실제로 사람 몸속에서도 효과를 낼 수 있을지는 또 다른 문제예요.

예를 들어 실험실에서는 사포닌이 이온 통로를 억제하면서 진

방어 물질을 배출하는 해삼. 이 방어 물질에 사포닌 성분이 들어 있다.

통 효과를 보였지만, 사람이 복용하면 위의 소화 과정에서 당이 떨어져 나가면서 효능이 사라질 수 있습니다. 쉽게 말해 위에서 분해되어 약으로 작용하지 않는 거죠.

주사제로 만드는 방향도 떠올려 봤지만 그렇다고 모든 문제가 해결되는 건 아닙니다. 약을 정맥에 직접 투여하면 위에서 분해되는 문제는 피할 수 있지만, 이번엔 혈관 안에서 분해되는 '대사'라는 장벽을 만나게 됩니다. 우리 몸은 혈액 속을 떠다니는 물질을 빠르게 분해하고 배출하려 하기 때문에, 몸속에서 약 성분이 절반으로 줄어드는 데 걸리는 시간인 약물의 반감기가 지나치게 짧아질 수 있어요. 그렇게 되면 약물이 체내에 오래 머물지 못하고, 기대했던 효과도 충분히 나타나지 않을 수 있습니다. 물론 이 약이 정말로 놀라운 진통 효과를 가지고 있다면, 짧은 반감기나 주사제의 불편함도 감수할 수 있겠죠. 하지만 현재까지의 연구 결과로는 그 정도 수준은 아니라는 것이 과학자들의 판단입니다.

바다에서 약을 찾는 일은 단순히 좋은 성분을 발견하는 것만으로는 부족하네요.

진짜 중요한 건, 그 성분을 어떻게 약으로 만들 수 있을지를 끝없이 고민하는 과정이에요. 해삼처럼 사포닌이 풍부한 생물이 있다 하더라도, 그 물질이 몸 안에서 어떤 방식으로 전달되는지, 실제로 얼마나 효과가 있는지를 종합적으로 검토해야만 합니다.

헝가리의 생리학자 센트죄르지 얼베르트Szent-Györgyi Albert는 "발견이란, 모두가 본 것을 보고 아무도 생각하지 못한 것을 떠올리는 것"이라고 말했습니다. 과학자들은 해삼, 해면, 플랑크톤, 조개처럼 익숙한 바다 생물에서 아무도 떠올리지 못했던 방식으로 치료제를 찾고 있습니다.

바다는 여전히 미래 의학의 보물 창고입니다. 하지만 그 보물은 아무에게나 쉽게 발견되지 않죠. 그렇기에 과학자들은 지금도 바닷속에서 '약이 될지도 모르는' 가능성을 찾아 탐험을 이어 가고 있습니다.

4장

바다가 선물한 신소재와 아름다움

#카라기난   #PDNA   #생물부착   #방오제

바다 생물에서 얻은 성분이 약 말고 다른 용도로 쓰이는 경우를 소개해 주세요.

대표적인 사례로 '코안에 쓰는 투명 마스크'를 들 수 있습니다. 감기나 코로나바이러스 같은 바이러스는 대부분 코로 들어오잖아요? 그래서 최근에 코안에 얇은 보호막을 만들어 주는 스프레이가 나왔는데, 이게 놀랍게도 바다 생물인 홍조류에서 추출한 성분으로 만들어졌어요. 참고로 홍조류는 김이나 우뭇가사리처럼 바닷속에서 자라는 붉은 해조류예요.

이 홍조류에는 **카라기난**carrageenan이라는 점성 있는 다당류가 들어 있는데요, 쉽게 말하면 묵이나 우뭇가사리처럼 젤리 형태로 뭉칠 수 있는 성분입니다. 이런 성질 덕분에 코에 뿌리면 얇은 젤리 막이 형성돼서 바이러스가 몸속으로 침입하는 걸 물리적으로 막아 주는 역할을 하죠.

재미있는 건, 이 젤리 막이 호흡을 방해하지 않을 만큼 얇고 자연스럽게 형성된다는 점입니다. 돼지 젤라틴처럼 무겁고 답답한 느낌이 아니라, 아주 가볍고 공기가 잘 통하는 막이 생기는 거죠. 그래서 실제로 코로나19 유행 시기에 유럽과 미국에서 이 제품이 많이 사용됐고, 임상 시험을 통해 효과도 입증됐어요. 치료제처럼 바이러스를 죽이는 건 아니지만, 몸에 들어오기 전에 막는 물리적인 장벽이 된다는 점에서 아주 똑똑한 방식이라고 생각해요.

사실 해양 생물은 화장품으로도 유명하다면서요?

바다 생물에서 얻은 성분은 피부 진정이나 재생에 효과가 있어 화장품에 자주 쓰입니다. 예를 들면 해조류 추출물이나 미생물에서 얻은 성분이 있는데, 피부의 자극을 줄여 주고 회복을 돕는 데 효과적이죠.

미국의 유명한 화장품 브랜드에서는 예전에 **슈도프테로신**

pseudopterosin이라는 성분을 활용한 제품을 만든 적도 있어요. 처음엔 산호에서 추출한 것으로 알려졌지만, 사실은 산호와 공생하는 미생물이 만들어 낸 물질이었죠.

슈도프테로신은 미생물이 자신이나 산호를 외부 자극으로부터 보호하려고 만든 방어 물질이에요. 염증을 줄이고 상처 회복을 돕는 성질 덕분에 피부를 진정시키는 고급 화장품 성분으로 주목받았죠.

이 물질은 1982년 바하마 제도에서 처음 채집되었고, 이후 미국 캘리포니아대학교 연구진이 성분을 정제해 1988년 특허를 받았어요. 1995년에는 미국의 화장품 회사 에스티로더 Estée Lauder가 본격 상용화해 100개가 넘는 제품에 쓰였고, 캘리포니아대학교는 로열티로 큰 수익을 냈죠.

그런데 이익 대부분이 미국 대학과 기업에 돌아가면서, 정작 자원이 나온 바하마는 소외됐어요. 바하마 정부와 현지 기업이 수익 분배를 요구했지만 처음엔 받아들여지지 않았고, 결국 몇 년 뒤에야 계약을 맺어 일부 로열티를 받게 되었습니다. 이 일은 생물 자원을 활용할 때 자원이 나온 지역과의 공정한 이익 공유가 왜 중요한지를 보여 주는 대표적인 사례로, 이후 국제 협약 논의에서도 자주 인용되고 있답니다. 한편 예전에는 산호에서 추출한 원료를 사용했지만, 지금은 이 물질을 만드는 미생물을 이용해 산호를 해치지 않고도 얻는 방법이 연구되고 있어요.

요즘에는 피부 재생이나 연골 재생을 목적으로 주사를 맞는데 그 성분도 해양 생물에서 유래했다고 들었습니다. 어떤 원리인가요?

요즘 피부과 병원에서 'PDRN 주사'라는 용어를 많이 쓰고 있습니다. 피부 재생, 주름 개선, 연골 회복까지 가능한 만능 약처럼 소개되다 보니 궁금한 사람도 많을 거예요.

PDRN은 폴리 데옥시 리보 뉴클레오티드PolyDeoxyRiboNucleotide 의 줄임말인데요, 쉽게 말하면 DNA의 조각들입니다. 우리가 알고 있는 DNA는 생명체의 설계도잖아요. 그런데 그걸 작게 자른 조각들이 몸속에 들어오면, 우리 세포가 '아, 새로운 세포를 만들 재료가 들어왔구나!' 하고 받아들여요. 마치 공사장에 벽돌이 가득 들어오면 건물을 더 빨리 지을 수 있는 것처럼요.

이 기술은 원래 상처 회복이나 조직 재생 같은 의학적 목적으로 연구되기 시작했습니다. 예를 들면 수술 후 피부가 잘 아물지 않거나, 무릎 연골이 닳아서 걷기 힘든 사람들에게 도움이 되는 걸 목표로 했죠. 그러다가 이 세포 재생 기능이 피부 미용에도 효과가 있다는 게 알려지면서, 화장품과 피부 주사로까지 확장된 거예요.

그런데 재미있는 사실을 알려 드리면 PDRN의 주원료는 연어의 정소, 즉 정자를 만드는 기관이에요. 연어는 번식을 앞두고 엄청난 양의 DNA를 만들어 내는데, 그게 아주 고농축된 형태로 들어 있습니다. 그래서 지금도 대부분의 PDRN은 연어 정소에서 추출하고 있죠. 물론 해조류나 다른 생물로 대체하려는 시도도 있지만, 아직은 연어가 가장 효율적이라고 해요.

PDRN 주사는 우리 몸의 자연 회복 능력을 끌어올리는 생물학적 자극제라고 할 수 있어요. 단순히 뭔가를 '채워 넣는' 게 아니라, 스스로 회복하고 재생하도록 돕는 방식이라 주목받는 거죠.

해양 생물을 신소재로 활용하는 사례로 또 무엇이 있을까요?

홍합 단백질이 대표적인 예입니다. 홍합은 보통 바닷가의 바위나 방파제, 선착장 기둥 같은 단단한 표면에 붙어서 자라요. 물속에서도 떨어지지 않는 이 힘의 비밀은 바로 홍합이 만드는 특별한 단백질에 있습니다. 일반 접착제는 물에 약하지만, 홍합 단백질은 젖은 환경에서도 강한 접착력을 보여 주죠.

과학자들은 홍합 단백질을 의료용 접착제 같은 신소재로 개발하고 있어요. 실제로 포항공과대학교에서는 이 단백질을 바탕으로 상처를 꿰매지 않고 붙일 수 있는 생체 접착제를 개발했고, 지금은 병원에서 쓰이기 위해 심사를 받고 있습니다.

처음에는 실제 홍합에서 단백질을 추출해 연구했지만, 양이 너무 적고 효율이 낮아 한계가 있었어요. 그래서 과학자들은 홍합의 접착 단백질을 만드는 유전자를 분석한 뒤, 세균이나 효모 같은 미생물에 넣어 생산하는 방법을 찾았습니다. 단백질 구조를 변형해 접착력이나 생산성을 높인 인공 단백질이 실험실에서 만들어지고 있는 거예요.

홍합처럼 '잘 붙는' 생물에서 접착 기술을 배우는 건 들어 봤는데요, 혹시 반대로 '잘 안 붙는' 생물에서 기술을 개발하기도 하나요?

해양 생물 중엔 붙는 능력뿐 아니라 붙지 않도록 막는 능력을 지닌 경우도 있어요. 과학자들은 이를 활용해 물때나 생물막을 막는 접착 방지 신소재를 개발하고 있죠.

바닷속 구조물이나 배 밑바닥에 홍합이나 따개비가 잔뜩 붙은 걸 본 적 있나요? 이렇게 해양 생물들이 달라붙는 현상을 **생물 부착**biofouling이라고 해요. 별거 아닌 것 같아 보여도, 많이 쌓이면 선박 속도가 느려지고 연료 소비도 늘어나서 큰 문제가 돼요.

예전에는 배 밑에 붙은 따개비나 해양 생물을 직접 망치로 두드려 떼어 냈다고 합니다. 부산 영도처럼 조선업이 활발했던 지

배 밑에 붙은 따개비를 떼 내는 모습

역에선 항만에 울려 퍼지는 '땅땅' 망치 소리가 일상이었죠.

이런 불편을 줄이기 위해 등장한 기술이 바로 **방오**antifouling예요. 쉽게 말해 해양 생물이 달라붙지 못하도록 특수한 코팅제를 바르는 기술이죠.

한때는 '트라이부틸 주석tributyltin oxide'이라는 강력한 방오제가 널리 쓰였어요. 효과는 뛰어났지만, 일부 해양 생물의 생식 기능을 망가뜨린다는 문제점이 드러나 2008년부터 전 세계적으로 사용이 금지됐습니다.

그래서 요즘은 **조스테릭 산**zosteric acid처럼 천연에서 얻은 친환

해양 생태계에서 중요한 역할을 하는 거머리말

경 물질이 주목받고 있어요. 이 물질은 '거머리말'이라는 해양 식물에서 추출됩니다. 광합성을 하는 거머리말은 몸에 해양 생물이 붙으면 빛을 받기 어려워지죠. 그래서 자신을 보호하기 위해 부착을 막는 물질을 내보내는데, 그중 하나가 바로 조스테릭 산이에요.

이 천연 물질은 독성이 없으면서도 생물 부착을 억제하는 효과가 있어서, 친환경적인 방오제로 개발되고 있어요. 실제로 유럽의 한 회사에서는 이 물질을 활용한 코팅제를 상용화하려는 연구를 활발히 진행 중입니다.

이처럼 해양 생물은 자신을 보호하기 위한 놀라운 전략을 지니고 있고, 그 전략이 과학자들에게 새로운 소재를 개발할 힌트를 주고 있어요. 이제 과학자들은 자연의 방식을 본떠 환경을 해치지 않는 기술을 만들고 있습니다.

그런데 화장품도, 신소재도 천연물이면 다 몸에 좋고 안전한 걸까요? 자연에서 왔다고 해서 믿어도 되는 걸까요?

'천연'이라는 단어를 들으면 자연에서 왔으니 안전하고, 건강에 좋고, 친환경적일 것으로 생각하기 쉽습니다. 실제로 건강식품이나 화장품 광고에서도 '천연 유래 성분'이라는 말이 마치 안전성을 보증하는 것처럼 들리곤 하죠.

그런데 꼭 그렇지만은 않습니다. 자연에서 얻은 물질 중에도 강한 독성을 가진 것들이 많거든요. 예를 들어 해면이나 산호에서 추출한 물질을 암세포나 대장균에 실험해 보면, 많은 경우 세포를 죽이는 강한 작용을 보이죠. 이것만 보면 '항암 효과가 있다!'라고 생각할 수 있지만, 사실은 '세포를 파괴할 만큼 독하다.'라는 뜻이기도 합니다. 좋은 효과와 해로운 독성은 종이 한 장 차이인 셈이죠.

천연 추출물 실험은 아주 작은 용기, 우리가 '플레이트'라고 부르는 판에 수백 개씩 세포를 깔고 각각의 물질을 처리하면서 진행됩니다. 색으로 세포의 생존 여부를 확인하는 염색 실험도 하고, 특수한 기계로 얼마나 세포가 살아남았는지 측정하죠. 우리 연구실에서는 무려 1,800개가 넘는 천연 추출물을 실험했는데, 그중 많은 물질이 암세포나 세균을 강하게 죽였어요. 그런데 그 물질이 우리 몸의 '정상 세포'도 같이 공격한다면, 오히려 해로울 수 있겠죠?

천연물이라고 해서 무조건 안전하다고 볼 수는 없습니다. 오히려 인공적으로 만든 물질은 독성을 줄이고 효과를 높이도록 정교하게 설계되기도 해요. 자연에서 발견한 구조 중 꼭 필요한 부분만 남기고 위험한 부분은 제거하는 식이죠.

결국 중요한 건 그 물질이 자연에서 왔는지 인공인지가 아니라, 어떻게 작용하는지와 얼마나 안전한지예요. 천연물 또한 실험을 통해 효과와 위험성을 검증하는 과정이 반드시 필요하답니다.

박사님께서는 해양 생물을 연구하며 신약 개발에 적용해 오셨는데요, 그 과정에서 가장 인상 깊게 느낀 점이나 과학자로서 얻은 깨달음이 있을까요?

우리는 왜 해양 생물을 연구해야 할까요? 바다는 단순히 푸르고 아름다운 자연이 아닙니다. 그 안에는 아직 밝혀지지 않은, 상상도 못 할 가능성이 숨어 있어요.

예를 들어 홍합에서 착안한 생체 접착제, 거머리말에서 힌트를 얻은 방오제처럼 바다 생물은 이미 과학 기술의 미래를 바꾸고 있습니다. 나아가 바닷속에는 치료제가 될 수 있는 신약 후보 물질, 피부에 도움을 주는 화장품 성분, 환경을 지키는 친환경 소재까지 숨어 있답니다.

이 모든 건 아주 작은 생물체 하나에서 시작되기도 해요. 눈에 잘 보이지 않는 조류, 깊은 심해에 사는 해면, 바위에 붙어사는 홍합에서 말이죠.

그래서 해양 생물을 보호하고, 깊이 연구하는 일이 점점 더 중요해지고 있어요. 작고 낯선 바다 생물 하나하나가 인류의 건강과 미래를 바꿀 수 있으니까요. 결국 바다를 연구하고 지키는 일은 곧 우리의 미래를 준비하는 일이에요.

5장

과학자의 그물에는 무엇이 걸릴까?

(#채집) (#시료분석) (#에리불린) (#실패)

해양과학자들은 바다에 들어가서 생물을 채집하기도 하나요? 현
장 연구는 어떤 식으로 진행되나요?

　많은 사람이 '신약을 연구한다.'라고 하면 실험실에서 현미경
을 들여다보는 장면을 떠올려요. 하지만 제가 하는 일 중에는 스
쿠버 장비를 메고 바닷속에 들어가는 업무도 있습니다. 다양한
해양 생물을 채집하려면 직접 바다에 들어가야 하거든요.
　처음 탐사했던 곳은 태평양 미크로네시아의 '추크Chuuk'라는
외딴섬이었어요. 이곳은 우리에게 다소 낯설지만, 생물 다양성이

매우 풍부한 '핫 스폿'이에요. 따뜻한 바다와 다양한 산호초 덕분에 독특한 생물들이 많이 살고 있는데, 과학자에겐 이 환경이 굉장히 매력적입니다. 그 생물들이 치열하게 생존 경쟁을 하면서 아주 특별한 화학 물질들을 만들어 내거든요. 예를 들어 해면동물은 포식자를 쫓기 위해 분비물을 내뿜는데, 그 안에 항암 효과가 있는 천연물이 숨어 있기도 하죠.

하지만 탐사가 낭만적이지만은 않아요. 추크에 있는 연구 기지로 가는 길은 비포장도로였고, 숙소에서는 흙탕물이 나오기도 했죠. 그래도 현장 연구는 연구실 안에서는 느낄 수 없는 즐거움을 줍니다.

이렇게 채집한 생물은 바로 분석하지 않고, 냉동 포장해서 한국으로 가져오게 됩니다. 이후 실험실에서 화학 분석과 세포 실험을 거쳐 약이 될 가능성이 있는지를 확인하죠. 때로는 생물 안에 사는 공생 미생물도 함께 분석합니다.

태평양에 비해 우리나라 근처 바다의 현장 연구가 적은 이유는 무엇인가요?

제주나 독도 근처에서도 해면동물을 채집해 연구한 적이 있어요. 그런데 확실히 물질의 다양성 면에서는 열대 바다가 훨씬 풍부하더라고요. 같은 종이라도 환경이 다르면 만들어 내는 화합물이 다르거든요. 따뜻하고 생물 종류가 많아 생존 경쟁이 치열한 바다일수록 다양한 화학 무기를 발달시킬 가능성이 커요.

그래서 과학자에게는 열대 바다처럼 생물이 풍부하고 경쟁이 치열한 환경이 더 매력적인 연구 대상이 됩니다. 물론 국내 바다도 중요하지만, 전 세계적인 신약 탐색이라는 큰 그림에서 보면 아직 미지의 생물이 많은 열대 해역 쪽에 주목하게 되죠.

박사님은 바닷속 생물을 어떻게 채집하나요? 잠수복 입고 직접 들어가기도 하시나요?

해양 생물을 채집하는 방법은 생각보다 훨씬 다양하고 복잡합니다. 영화처럼 멋진 잠수복을 입고 바닷속을 탐험하는 장면도 있지만, 실제는 그렇게 낭만적이지만은 않죠.

우리 연구 팀은 주로 해면동물을 채집해요. 한 번에 2kg 정도 가져오지만, 어떤 날은 바다 상태가 나빠서 들어가지도 못하고, 어떤 날은 원하는 해면을 못 찾아 허탕을 치기도 하죠. 그래서 이 작업은 진짜 '복불복'이에요.

해양 생물을 채집할 땐 연구원이 직접 들어가기도 합니다. 하지만 요즘은 안전 문제 때문에 꼭 산업 잠수사와 함께 움직여야

해면을 찾기 위해 잠수한 이연주 박사님의 모습

하고, 바닷속에서는 '버디'라고 부르는 파트너와 반드시 동행해
야 하죠.

직접 잠수하더라도 너무 깊은 바다에는 잘 들어가지 않아요.
보통 50m 아래로 내려가는 건 어렵고, 그 아래에 사는 생물들은
대사 과정이 단순하거나 조직이 딱딱해서 과학자들이 찾는 '화
학적으로 흥미로운' 물질을 얻기 어렵거든요. 그래서 오히려 얕
은 산호초 지역이 더 좋습니다.

물론 지역에 따라 채집 방식도 달라요. 물살이 잔잔한 미크로
네시아의 추크 같은 곳은 연구원이 직접 다이빙하기도 합니다.

반면 같은 미크로네시아의 섬이지만 '코스라에 Kosrae'처럼 물살이 거세고 의료 시설이 부족한 지역에서는 잠수사에게 특정 해양 생물의 사진을 보여 주고 대신 찾아 달라고 부탁하죠.

한편 더 깊은 심해에 사는 생물을 채집할 땐 원격 조종 잠수정을 사용합니다. 하루 사용료만 1,000만 원이 넘어서, 보통은 해류 연구자, 지질학자, 생물학자 들이 같이 탐사에 나서요. 각자 채집하고 싶은 목표가 다르지만, 잠수정은 하나뿐이니까 협업이 필수죠.

이렇게 채집한 생물은 어떤 종인지 정확히 분류하는 과정이 꼭 필요합니다. 생물 분류 전문가들은 현미경으로 내부 조직을 들여다보거나, DNA 분석을 통해 종을 식별하죠. 저는 분류 전문가는 아니기 때문에, 채집 현장에는 항상 분류 전문가가 함께합니다.

해양 생물을 채집한 이후, 실제 실험실에서는 어떤 실험과 분석이 이뤄지나요?

해양에서 시료를 채취하고 분석하는 과정은 아주 흥미롭습니다. 저는 이 과정을 마치 퍼즐을 맞추는 일처럼 느껴요. 실험과 분석을 하나하나 진행하면서, 신약 후보 물질의 정체를 밝혀내는 과정이죠. 수천 종의 생물을 분석해야 겨우 하나를 건질 수 있을 만큼 쉽지 않은 일이에요.

먼저 바다에서 가져온 해면동물 같은 생물을 잘 건조합니다. 바닷물에 젖어 있어서 실험에 방해가 되기 때문이죠. 그다음엔 메탄올이라는 용매로 생물 속 화학 물질을 추출해요. 이 과정에서 소금기도 함께 나오기 때문에, 추출이 끝나면 소금기를 제거하기 위해 또다시 특별한 작업을 합니다. 이후 유기 물질이 들어 있는 층을 대상으로 더 정밀한 작업을 시작하죠.

이제 본격적인 분석이 시작됩니다. 고성능 액체 크로마토그래피 HPLC라는 검출기에 추출물을 넣으면, 그 안에 섞여 있던 성분들이 시간차를 두고 하나씩 분리돼요. 젖은 종이에 사인펜으로 점을 찍으면 색이 번지면서 여러 색으로 나뉘는 실험, 기억나죠? HPLC도 그렇게 성분의 정체를 하나하나 밝혀 주는 장비예요.

이렇게 얻은 물질이 어떤 효과를 내는지도 시험합니다. 특히 암세포를 죽일 수 있는지, 동시에 정상 세포엔 해가 없는지를 꼼꼼히 살펴봐요.

효능이 확인된 물질은 이제 그 구조를 밝혀야 합니다. 마치 숨은그림찾기와 같죠. 탄소나 수소 원자가 어떤 배열로 연결되어 있는지를 분석함으로써 '이 물질이 어떻게 생겼는지' 알아내는 과정이에요. 하지만 물질의 양이 너무 적으면 분석 자체가 어려

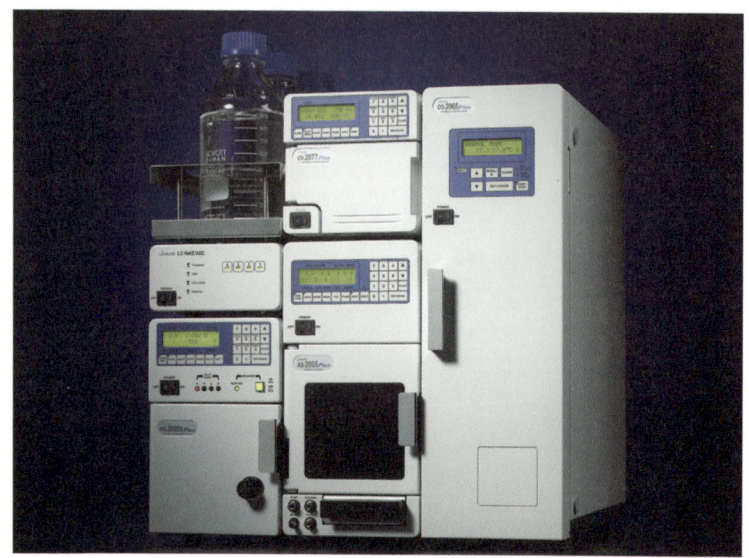

생물 속 화학 물질의 성분을 분석하는 HPLC

우므로, 초기에 충분히 채집하는 게 중요합니다.

　이런 분석을 통해 최종적으로 우리가 얻는 건 '이 물질이 어떤 구조이고, 어떤 효능을 가지고 있는가?'라는 정보입니다. 하지만 이걸로 끝이 아니에요. 이 물질이 신약 후보가 되려면, 같은 물질을 인공적으로 합성할 수 있어야 하거든요. 해양 생물을 계속 바다에서 가져올 수는 없으니까요. 그래서 합성 방법을 개발하는 연구도 아주 중요하답니다.

과학자라고 하면 보통 실험실에서 혼자 연구하는 모습을 떠올리는데요, 박사님의 연구는 어떤가요?

해양 생물에서 새로운 약물을 찾는 연구는 사실 혼자 할 수 있는 일이 아니에요. 흔히 떠올리는 '실험실에서 시험관 들고 실험하는 과학자의 모습'만으론 이 분야가 굴러갈 수 없죠.

저희 연구는 '탐사 → 채집 → 분류 → 실험'의 과정을 거치는데, 단계마다 다른 분야 전문가들의 손길이 필요해요. 앞서 설명했듯이 바닷속 생물을 채집할 땐 산업 잠수사나 수중 로봇 기술자와 함께 움직이죠. 채집한 생물이 정확히 어떤 종인지 확인하려면 생물 분류 전문가의 도움이 꼭 필요해요.

게다가 해양 천연물 중 실제로 약효가 있는 물질을 찾는 건 매우 어려운 일이에요. 그래서 화학자, 약리학자, 세포생물학자와 협업해야 합니다. 어떤 물질이 특정 세포에 어떤 영향을 주는지, 독성이 있는지 없는지, 정말로 약이 될 수 있는지를 검증하려면 다양한 분야의 지식이 필요하거든요.

이렇듯 해양 생물에서 새로운 약을 찾는 일은 하나의 서대한 '팀플레이'예요. 그래서 저는 언제나 다른 분야 연구자들과 함께 일하는 걸 즐깁니다. 누군가는 바닷속 생물을 채집하고, 누군가는 그 생물을 정확히 분류하고, 또 누군가는 실험실에서 그 생물

속에 숨겨진 비밀을 찾아내죠. 바다는 넓고, 할 일은 많고, 우리는 혼자일 수 없어요.

박사님이 지금 연구하시는 약도 곧 나올 수 있나요?

사람들이 종종 저에게 그런 질문을 많이 하는데, 질문을 들을 때마다 조금 머쓱해져요. 저는 상용화되는 약과는 아주 먼 출발점에 있는 '기초 연구자'거든요. 그래서 이런 설명을 할 때마다 꼭 소개하는 이야기가 하나 있어요. 바로 2010년에 승인된 유방암 치료제 **에리불린** eribulin에 관한 이야기입니다.

이 약의 시작은 무려 1980년대 초반으로 거슬러 올라가요. 그 당시 일본 연구 팀이 오키나와 근처 바다에서 해면을 채집하면서 '할리콘드린 B halichondrin B'라는 아주 특별한 물질을 발견했죠. 이 물질은 암세포의 분열을 막는 효과가 있었지만, 그 가능성을 실험해 보기 위해서는 엄청난 양이 필요했습니다. 연구자들은 해면 600kg을 모았고, 그 과정에서 생태계 훼손이라는 문제가 생기기도 했어요.

그래서 과학자들은 다시 생각했어요. '이 물질을 꼭 자연에서만 얻어야 할까? 실험실에서 합성할 수는 없을까?' 하고요. 그래서 물질의 구조를 정밀하게 분석한 뒤, 핵심적인 구조만을 복제해 만든 것이 바로 에리불린이에요. 비교적 합성이 쉬웠고, 안정적으로 대량 생산도 가능했습니다.

그렇게 해서 30년이 넘는 시간 동안 처음엔 해양 생물 연구자들, 그다음엔 유기 합성 화학자들, 그리고 마지막엔 제약 회사의 연구자들까지 수많은 과학자가 이어달리기하듯 연구를 이어 갔어요. 그리고 마침내 세상에 하나의 약이 나올 수 있었죠.

이 이야기를 통해 꼭 전하고 싶은 말이 있어요. 제가 지금 연구하는 해양 생물이나 물질들은, 바로 그 '첫 주자'가 되기 위한 작업입니다. 당장 약이 되진 않지만, 언젠가 누군가의 손에서 훌륭한 약이 될 수도 있는 시작점이죠.

해양 생물로부터 신약을 개발하려면 어떤 전공과 지식이 필요한가요?

우리 연구실에는 정말 다양한 국적과 전공의 학생들이 있어요. 베드남, 인도, 인도네시아에서 온 학생들이 화학, 생화학, 생명과학을 전공하고 함께 연구하고 있죠. 생명과학을 전공한 학생들이 화학을 새로 배우는 경우도 많아요. 왜냐하면 해양 생물에서 신약 후보 물질을 찾아내고 그 구조를 분석하려면 유기화학 지식이 꼭 필요하거든요.

여러분이 지금 학교에서 배우는 생명과학과 화학이 어렵고 지루한 시험 과목처럼 느껴질 수도 있습니다. 하지만 그런 지식이 모여 세상에 없던 새로운 약을 만드는 데 쓰인다는 것을 안다면, 지루한 시험 과목이 새롭게 보일 거예요.

하지만 연구를 하다 보면 몇 년을 쏟아부어도 결과가 안 나올 수도 있잖아요. 그런 상황에서도 계속 연구를 이어 가는 원동력은 무엇인가요?

사람들은 과학자라고 하면 늘 멋진 걸 발견하거나 발명하는 존재라고 생각해요. 하지만 현실은 '실패'의 연속이에요. 예를 들어 바다 생물에서 새로운 물질을 찾기 위해 수개월 동안 분석했는데, 이미 누군가가 발표한 물질이면? 그 시간은 그냥 '꽝'이에요. 실험실에서 몇 달 동안 분자 하나를 합성하다 마지막에 구조가 안 맞으면? 역시 '꽝'이죠.

그래서 과학자에게 실패는 일상입니다. 처음엔 속상하고 자존감도 흔들리지만, 점점 '실패는 과학의 일부'라고 받아들이게 돼요. 그래서 실험할 때도 처음부터 가능성을 꼼꼼히 점검합니다. 이 물질이 정말 새로운지, 효과가 유지되는지를 중간중간 확인하면서 실패할 가능성을 줄이려 하죠. 물론 그렇게 해도 실패는 피할 수 없어요. 하지만 실패에서 의미를 찾으려 노력해요. 논문이든, 새로운 데이터든, 무엇이든 남기기 위해서요.

한국의 해양 신약 분야는 아직 큰 성과를 내진 못했지만, 가능성은 충분해요. 세계적으로는 이미 많은 나라가 이 분야에 투자하고 있고, 특히 중국은 논문 수에서 눈에 띄게 성장하고 있어요.

어쩌면 과학자는 실패 속에서도 호기심을 끝까지 놓지 않는 사람들일 거예요. 과학과 대중 소통에 관심이 많았던 영국의 코미디언 팀 민친Tim Minchin은 "과학이란 조직된 호기심이다."라고 말했죠. 단순히 궁금해하는 데서 멈추지 않고, 체계적인 실험과 검증을 통해 호기심을 탐구한다는 의미예요. 실패가 계속되더라도, 세상을 알고 싶은 마음 하나로 연구를 이어 가는 것. 그것이 과학을 이끄는 힘이죠.

4부

뜨거워지는 바다,
위기에 처한 생물

1장

바다는 기후 조절자

#물의행성　#1.5C°　#완충장치　#IPCC

　　안녕하세요, 저는 지구 기후를 흔드는 바다의 변화를 추적해 온 물리해양학자 장찬주입니다. 한국해양과학기술원 해양순환 기후연구부에서 책임연구원으로 일하며, 해양역학과 지역 기후 모델링, 해양 기후 변화에 대해 연구하고 있어요. 특히 최근에는 **해양열파**marine heatwave, 즉 바다의 고온 현상에 집중하고 있습니다. 수온이 오르는 건 해양 생태계는 물론 인간의 삶에도 깊은 영향을 주는 중요한 신호예요. 저는 그 신호들을 과학의 언어로 읽어 내고, 바다가 우리에게 보내는 경고에 귀 기울이고자 노력하고 있습니다.

우주에서 바라본 지구의 모습

가끔 이런 생각을 해요. '만약 외계인이 우주에서 지구를 처음 본다면, 이 행성을 무어라 부를까?' 우리는 땅이라는 의미로 '지구(地球)'라고 부르지만, 사실 지구 표면의 약 71%는 바다예요. 우주에서 내려다본 지구는 푸른빛으로 빛나는 기대한 물방울처럼 보이죠. 과학자들은 농담처럼 말합니다. "외계인이 지구에 이름을 붙였다면 아마 '수구(水球)'나 '해구(海球)'라고 했겠지."라고요.

바다는 단순히 지구 표면을 덮고 있는 물 덩어리가 아닙니다. 지구의 에너지 순환, 물질 순환, 기후 시스템을 움직이는 진짜 주인공은 바로 바다예요. 인간이 육지에 살아서 세상을 땅 중심으로 이해해 왔지만, 물리학이나 화학의 시각으로 보면 이 행성은 오히려 '물의 행성'이라는 이름이 훨씬 잘 어울릴지 몰라요.

그러고 보니 기후 변화 이야기에서 바다는 잘 언급되지 않는 것 같아요. 박사님은 어떻게 바다에 주목하게 되셨나요?

학교나 뉴스에서 기후 문제를 다룰 때는 주로 대기 이야기가 중심이에요. 온실기체나 이산화탄소, 대기 중의 열 같은 말들이 대표적이죠. 하지만 과학적으로 보면, 지구의 열, 물, 탄소를 가장 많이 담고 있는 건 대기가 아니라 바다입니다.

바다는 대기보다 약 1,000배 많은 열을 저장하고 있는데, 질량이 약 250배 크고, 비열도 약 4배나 높기 때문입니다. 비열이 높다는 건, 같은 양의 열을 받아도 바다는 대기보다 훨씬 천천히 적게 데워진다는 뜻이에요. 이 덕분에 바다는 막대한 열을 흡수하면서도 지구 표면 온도가 급격히 오르는 걸 막아 왔죠. 말하자면 지구의 거대한 '열 저장고' 역할을 해 온 거예요. 바다는 여름에는 열을 흡수하여 기온이 지나치게 올라가는 것을 막고, 겨울에는 열을 대기로 공급하여 기온이 지나치게 내려가는 것을 막는, 거대한 완충 장치 역할을 하죠.

또한 기후 변화에 중요한 탄소의 90% 이상이 바다에 들어 있어요. 인간이 배출한 온실기체로 지구에 갇힌 열 중 약 91%를 바다가 흡수했고, 대기가 받아들인 건 고작 1%뿐입니다. 만약 바다가 열을 흡수하지 않았다면 기온이 엄청나게 올라 인간이 살기 힘들게 되었을 겁니다.

저도 사실 처음부터 이런 관점으로 연구를 시작한 건 아니었어요. 해양 순환 분야에 관심을 가지게 된 건 대학원 시절의 일입니다. 지금은 정년 퇴임하신 연세대학교 대기과학과 김정우 교수님의 '해양과 대기의 상호 작용' 발표가 계기가 되었는데요, 그 자리에서 이렇게 말씀했던 게 아직도 기억나요.

"대기가 해양을 움직이는 것이 아니라, 해양이 스스로 변하기 위해 대기를 이용하는 것일 수도 있습니다."

보통은 바람 같은 대기 순환이 해양을 움직인다고 배워요. 하지만 대기보다 밀도가 1,000배나 큰 해양이 대기에 수동적으로 움직이기만 한다는 것은 납득하기 어렵다는 설명이었죠. 어찌 보면 해양 순환 연구에서 가장 중요하고 근본적인 질문을 던진 셈인데, 저에게는 신선한 충격으로 다가왔어요. 그래서 '계절 변화나 기후 변화 같은 장기적인 변화에서는 결국 해양이 주인공이지 않을까.'라고 생각하게 됐고, 이는 지금까지 해양 순환 연구에 몰두해 온 계기가 되었답니다.

결국 기후 문제를 이야기할 때 대기 중심의 틀에 갇혀 있으면 지구 기후의 진짜 변화를 놓치게 돼요. 과학자들이 바다라는 '보이지 않는 주인공'을 강조하는 이유는 여기에 있답니다.

바다를 기준으로 바라보는 기후 위기는 어떤가요?

지구 평균 온도가 산업화 이전보다 1.5℃ 올랐다는 이야기를 자주 들어 봤을 거예요. 처음 들으면 1.5℃가 큰 변화인가 싶을지도 몰라요. 사람 체온도 하루에 1℃ 정도는 오르락내리락하니까요. 하지만 여기에는 중요한 함정이 숨어 있어요. 바로 평균의 함정입니다.

지구 표면의 약 71%는 바다로 덮여 있어요. 그런데 바다는 공기나 육지보다 훨씬 느리게 데워집니다. 눈에 띄게 뜨겁지는 않지만, 사실상 대부분의 열을 조용히 흡수하고 있어요. 인류가 배출한 온실기체로 인해 증가한 열의 대부분이 바닷속 어딘가에 저장된 셈이죠. 그래서 우리가 보는 '평균 온도'라는 숫자에는, 실제 변화보다 훨씬 덜 뜨겁게 보이는 착시가 숨어 있어요.

몇 년 전 연구에 따르면, 19세기 후반에 비해 육지의 표면 온도는 약 1.9℃ 상승했고, 바다의 표면 온도는 약 0.9℃ 상승했어요. 두 값을 지구 전체 표면적으로 평균하면 지구 평균 온도는 약

1.2℃ 상승한 셈이에요. 따라서 지구 평균 온도가 산업화 이전보다 1.5℃ 올랐다면, 육지에서는 약 2.4℃ 상승한 것으로 추정할 수 있어요.

육지에 주로 거주하는 인간에게는 지구 평균 온도가 아니라 지표 기온이 훨씬 더 큰 영향을 주기 때문에, 평균값만 보고 기후 변화를 판단하면 우리가 실제로 겪게 될 위험과 충격을 제대로 가늠하지 못하게 돼요.

이건 단순한 숫자 이야기가 아닙니다. 과학자들은 지구가 특정 임계점을 넘어서면 폭염, 가뭄, 폭우, 해양 생태계 붕괴 같은 돌이킬 수 없는 변화가 시작될 수 있다고 경고합니다. 특히 산업화 이전보다 지구 평균 온도가 1.5℃ 또는 2℃를 넘어서면, 그린란드나 서남극 빙상이 무너지거나, 아마존 열대 우림이 붕괴하거나, 대서양 해류가 약화하는 등의 심각한 기후 시스템 변화가 일어날 위험이 크게 커진다고 말해요.

만약 우리가 1.5℃라는 숫자에만 집중하고 그 안에 숨은 지역별·환경별 차이를 놓친다면, 기후 변화의 실질적인 위험을 과소평가할 수밖에 없습니다. 그래서 기후 변화 문제를 이야기할 때 단순히 숫자만 볼 게 아니라, 그 안에 감춰진 과학적 의미를 읽어 내야 해요. 특히 바다라는 보이지 않는 주인공을 주목하는 새로운 시각이 필요합니다.

바다가 지구 기후에 어떤 역할을 하고 있는지 구체적으로 설명해 주세요.

한번 상상해 볼까요? 만약 바다가 아예 없다면 지구 평균 기온은 약 50℃까지 치솟았을 거라고 과학자들은 추정해요. 사막 한가운데보다 훨씬 뜨거운 온도로, 인간은 물론 지금 존재하는 동물과 식물 대부분이 살아남을 수 없었을 거예요.

그러면 바다는 어떻게 이런 무서운 일을 막아 주고 있는 걸까요? 바다는 여름에 태양으로부터 쏟아지는 엄청난 열을 대신 흡수해요. 마치 뜨거운 물건 위에 젖은 수건을 덮으면 열이 천천히 퍼지듯, 바다는 지구 표면이 과열되는 걸 막아 주죠. 한편 겨울이 되면 모아 둔 열을 조금씩 내보내면서 공기를 따뜻하게 데워 줘요. 바다의 이런 역할을 **히트 펌프**heat pump라고 불러요. 열을 한쪽에서 다른 쪽으로 옮겨서 온도 차이를 완화해 주는 장치 같은 거죠.

바다는 겉에서만 열을 흡수하는 게 아니에요. 표면에서 받아들인 열을 깊은 바닷속 순환을 통해 해저 깊숙한 곳까지 밀어 넣어요. 마치 큰 냄비 안에서 국을 끓일 때 국자를 저으면 국물 전체에 열이 고르게 퍼지는 것처럼, 열이 표면에만 머무르지 않고 아래까지 퍼져 나가죠. 그래서 바다는 훨씬 더 많은 열을 계속 흡수할 수 있어요.

지구는 현재 에너지 불균형 상태입니다. 태양에서 들어오는 에너지와 우주로 빠져나가는 에너지의 양이 똑같지 않아서 해마다 많은 에너지가 지구에 쌓이고 있어요. 2020년 기준으로 그 불균형의 수치는 약 $0.9W/m^2$라고 해요. 매초 지구 표면에 헤어드라이어 25억 대를 동시에 틀어 놓는 것과 비슷한 열량이에요. 이렇게 늘어난 에너지 대부분을 흡수하는 건 대기가 아니라 바다입니다.

이처럼 바다는 지구가 과열되지 않게 막아 주는 거대한 냉각 시스템이에요. 우리 눈에는 그저 푸른 물로 보일지 몰라도, 사실상 지구 생명의 방패 같은 존재인 거죠.

이렇게 중요한 바다의 변화와 지구 시스템을 연구하고 예측하는 일은 어떻게 이루어지고 있나요?

좋은 질문이에요! 복잡하고 거대한 바다와 지구 시스템을 연구하고 예측하는 일은 단순히 한두 명의 과학자가 할 수 있는 일이 아니랍니다.

전 세계 수천 명의 과학자가 함께 기후 변화 보고서를 작성하는 협의체가 있어요. 바로 **IPCC** 정부 간 기후 변화 협의체입니다. IPCC는 1988년에 유엔 산하 단체로 만들어졌고, 최신 기후 연구 결과들

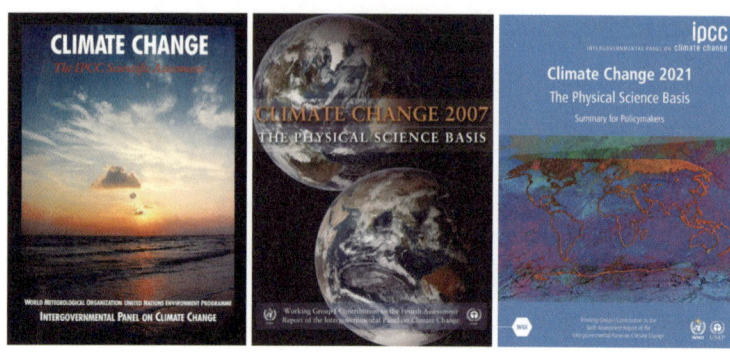

IPCC의 1990년 보고서와 2007년 보고서, 그리고 가장 최근의 2021년 보고서.
표지의 분위기가 점점 심각해진다.

을 모아서 분석하고 정리한 뒤 각국 정부의 검토를 받은 후 보고
서를 발표해요. 이 보고서에는 기후 변화가 얼마나 빠르게 진행
되고 있는지, 그 원인이 무엇인지, 앞으로 어떤 영향이 있을지, 그
리고 이를 막기 위해 어떤 행동이 필요한지 같은 중요한 내용이
담겨 있어요. 1990년 첫 번째 평가 보고서를 시작으로, 1995년 두
번째, 2001년 세 번째, 2007년 네 번째, 2013년 다섯 번째, 그리고
최근인 2021년 여섯 번째 보고서까지 이어져 왔어요.

처음에는 약 5년 주기로 보고서를 발표했는데, 점점 발행 주기
가 길어진 이유가 있어요. 온실기체를 얼마나 줄일지, 언제까지
탄소 중립을 달성할지 같은 문제들은 단순히 과학적 결론으로만
해결할 수 없어요. 국가 간의 정치적·경제적·사회적 이해관계까

지 조율해야 합니다. 또한 기후 변화를 더 엄밀하게 예측하고자 노력하고 있습니다. 그래서 점차 보고서를 발표하는 시간이 오래 걸리게 된 거예요.

IPCC 보고서는 지구 기후의 현재를 진단하고 미래를 예측하기 위해 전 세계 과학자들이 함께 만든 집단적 목소리라고 볼 수 있어요. 과학의 힘은 바로 이런 협력에서 나오는 거랍니다!

IPCC 보고서에서는 어떻게 미래 기후를 전망하나요? 그리고 우리는 무엇을 해야 할까요?

과학자들이 기후 변화를 예측하는 과정에서 핵심이 되는 게 바로 **CMIP** 기후모형비교프로젝트예요. 전 세계 여러 연구 팀이 개발한 기후 모형들을 같은 조건에서 실험해 보고, 어떤 부분이 정확하고 어디에 불확실성이 있는지 비교·분석하는 국제 협력 프로젝트죠. 이 CMIP의 결과물은 여러 모형의 결과를 종합해 만든 집단적 예측이라 신뢰성이 높죠.

그렇다면 IPCC 보고서는 어떻게 쓰이는 걸까요? 이 보고서는 단순히 과학자들끼리 공유하는 학술 논문이 아니에요. 각국 정부와 과학자가 함께 합의해 만든 전 세계 공통의 과학 지침입니다. 여기서 말하는 지침이란, 앞으로 온실기체를 얼마나 줄여야 기후 변화의 속도를 늦출 수 있을지, 또 이미 진행 중인 기후 변화에 각국이 어떻게 대응해야 할지를 알려 주는 방향과 기준을 뜻해요. 이 보고서는 각국의 정책 결정자들에게 과학적으로 검증된 판단 자료를 제공하고, 이를 바탕으로 기후 대응 전략을 세우거나 국제 협약에 참여할 수 있도록 도와줍니다.

IPCC는 과학과 정책을 연결하는 국제적인 연결 고리 역할을 해요. 이 보고서의 메시지를 제대로 이해하고 개인과 사회 차원에서 행동으로 옮기는 것, 그게 우리가 지금 해야 하는 일입니다.

지금 지구는 어떤 상황에 놓여 있나요? 바다가 앞으로도 계속 우리를 지켜 줄 수 있을까요?

바다는 이제 점점 한계에 다다르고 있습니다. 2025년 4월, 대기 이산화탄소 농도는 약 430ppm으로, 과학자들이 확인한 지난 200만 년 중 최고치를 기록했어요. 북극 해빙 면적도 2011년부터 2020년까지 평균을 보면 산업화 이전인 1850년 이후 가장 작아졌고요. 빙하도 1950년대 이후 전례 없는 속도로 빠르게 줄어들고 있어요. 해수면 상승 속도는 지난 3,000년 중 가장 빠르고, 바다 산성화 속도는 최근 200만 년 중 최고로 기록되고 있죠. 특히 산성화는 플랑크톤, 산호, 조개류처럼 바다 생태계의 기초를 이루는 생물에게 치명적인 영향을 줍니다. 이는 단순히 바닷속 생물들만의 문제가 아니에요. 전 세계 수억 명이 의지하는 해산물, 어업, 식량 안보와도 깊게 연결돼 있죠.

우리가 지금까지 기후 변화를 견딜 수 있었던 건, 바다가 열과 탄소를 묵묵히 흡수해 주었기 때문입니다. 하지만 앞으로도 바다가 무한히 버텨 줄 거라고 기대할 수는 없어요. IPCC 보고서에 따르면, 한국은 기후 변화가 전례 없이 빠르게 일어나는 곳입니다. 그럼에도 많은 사람이 이렇게 생각할지도 몰라요. '내가 뭘 해 봐야 세상이 바뀌겠어?'

하지만 기후 위기 문제에서 무엇보다 중요한 건, 바다가 경고하는 변화를 나의 문제로 받아들이는 일이에요. 그래야 진짜 변화가 시작될 수 있으니까요.

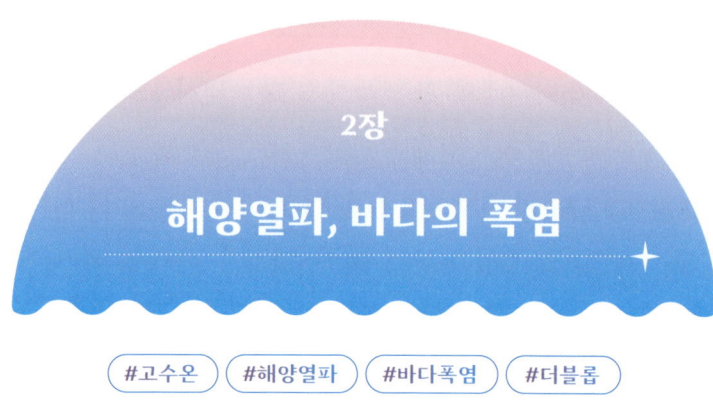

2장

해양열파, 바다의 폭염

#고수온 #해양열파 #바다폭염 #더블롭

바닷물은 어떻게 변하고 있나요? 단순히 따뜻해지는 것을 넘어서, 극단적인 변화들이 벌어지고 있다고 들었습니다.

해양 고수온 현상에서 중요한 건 크게 두 가지입니다. 하나는 평균 수온이 상승하는 것이고, 다른 하나는 극단적인 수온의 변화가 더 자주 일어난다는 거예요.

먼저 평균 온도 상승은 오랜 시간에 걸쳐 나타나는 장기적인 변화예요. 지구 온난화는 말 그대로 바닷물이나 지표면 온도의 평균값이 과거보다 조금씩 장기적으로 높아지는 현상을 말하죠. 과

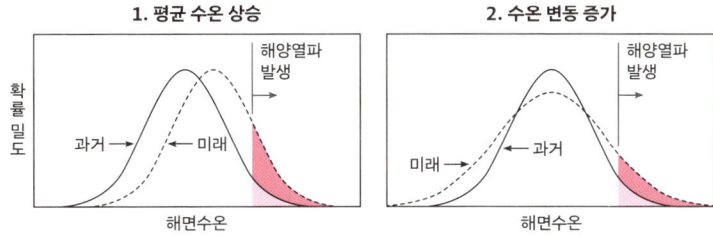

平균 수온이 상승하고 수온 변동이 증가하면서 해양열파는 빈번하게 발생하게 된다.

거에는 여름철 바닷물 수온이 26~27℃였는데, 이제는 28℃ 정도의 높은 수온이 점점 더 흔해졌습니다. 위의 왼쪽 그래프에서 알수 있듯이, 이런 경우에는 전체 수온 분포가 오른쪽으로 밀려서, 예전엔 드물던 극한값이 자주 나타나게 돼요. 예를 들어 시험에서 평균 60점을 받던 반이 평균 70~80점으로 점수가 올라갔다면 확률적으로 90점 이상을 받는 학생도 더 많아진 것과 비슷해요.

반면 극단적인 수온의 변화는 상대적으로 짧은 기간에 일어나는 단기적인 변화입니다. 오른쪽 그래프처럼 평균은 크게 안 변했는데도 수온이 왔다 갔다 하는 폭이 훨씬 커질 수 있거든요. 과학적으로는 이걸 변동성이 커진다고 합니다. 예전에는 온도가 1℃ 정도로 오르내렸다면, 이제는 3℃씩 훅훅 움직이는 거예요. 15℃라는 온도는 뜨겁지 않은 온도이지만 겨울철 평균 온도가 10℃였던 바다가 갑자기 15℃가 된다면 이야기가 달라져요. 이때의 15℃는 겨울 바다 입장에선 엄청난 고수온이에요. 마치 한겨울에 두꺼운 패딩을 입고 있는데 갑자기 봄 날씨가 찾아온 것처럼, 물고기들은 숨쉬기가 힘들어지고 생리적 스트레스에 크게 시달리게 되죠.

과학적으로는 계절, 지역, 어종에 따라 고수온의 기준이 다릅니다. 겨울철에는 15℃가 고수온일 수 있고, 열대 지역에서는 30℃가 기준이 되기도 해요. 고수온이란 '평소보다' 비정상적으로 높은 상태를 가리키는 말입니다.

우리나라 국립수산과학원은 28℃ 이상을 고수온으로 정해 두고 있어요. 남해에서 가장 많이 양식하는 우럭(조피볼락)이 이 수온부터 숨쉬기가 힘들어지고, 집단 폐사 위험이 급격히 커지거든요. 단순히 과학적 이유만이 아니라, 수산 자원 피해 예측, 특보 발령, 보상 논의 등 사회적 문제를 다루기 위해 실질적 기준을 만든 거예요.

단순히 '따뜻해졌다'라는 말로 표현하기에는 부족해 보입니다. 과학자들은 해양 고수온 현상을 얼마나 심각하게 보고 있나요?

과학자들은 평소보다 바닷물 수온이 비정상적으로 높아져 생태계와 인간 활동에 큰 영향을 미치는 현상에 특별히 이름을 붙였어요. 바로 '해양열파'입니다.

해양열파는 높은 수온이 며칠에서 몇 달, 길게는 몇 년까지 이어지며 바다 생태계에 심각한 충격을 주는 극한 기후 현상을 가리킵니다. 이때 산호가 하얗게 변해 죽고, 물고기들이 집단으로 폐사하며, 해조류 양식장도 피해를 입습니다.

온난화가 심해지면서 해양열파는 점점 더 자주, 더 강하게, 더 길게 나타나고 있습니다. 최근 연구에 따르면, 해양열파 발생 횟수는 1980년대에 비해 2배, 발생 일수는 지난 세기 동안 50% 이상 증가했다고 합니다. 게다가 지구 평균 온도가 산업화 이전 대비 1.5℃ 상승하면, 해양열파의 세기와 발생 횟수는 지금보다 2배 이상 늘어날 것으로 예측돼요.

사실 해양열파라는 용어는 비교적 최근에 등장했어요. 2011년 오스트레일리아 서부 해안에서 평년보다 2~4℃ 높은 고수온 현상이 길이 2,000km 이상의 범위에, 10주 이상 이어지면서 어류가 대량 폐사하는 사건이 벌어졌습니다. 과학자들은 이 사건을 단순히 '고수온'이라고 부르기에는 부족하다고 느꼈고, 바다의 폭염에 '해양열파'라는 이름을 붙였어요.

폭염heatwave이라는 말은 여름 더위를 떠올리게 하지만, 바다에서는 계절을 가리지 않아요. 해양열파는 여름에만 발생하지 않습니다. 앞에서도 말했듯 찬물에 사는 물고기에게는 겨울철 15℃도 치명적인 열 스트레스가 될 수 있거든요. 과학자들은 대중이 이해하기 쉽도록 '바다의 폭염'이라는 표현을 쓰면서도, 이런 상대적 기준의 차이를 함께 설명하려 노력하고 있습니다.

해양열파가 문제가 된 사례를 좀 더 소개해 주세요.

2013년부터 2015년까지 북미 태평양 연안의 바다에서 전례 없는 일이 벌어졌어요. 과학자들은 이 사건에 **더 블롭**the Blob이라는 이름을 붙였습니다. '블롭'이란 덩어리 혹은 뭉치라는 뜻이에요. 이때 바다에는 평년보다 무려 2~4℃나 높은 고수온 덩어리가 북동 태평양에 약 400만km² 면적으로 퍼졌죠. 이는 한반도 면적의 약 18배에 달하는 규모예요. 상상해 보세요. 뜨거운 물이 거대한 담요처럼 바다 위를 드넓게 뒤덮고 있는 모습을 말이에요.

더 놀라운 건, 이 현상이 단 몇 주나 몇 달로 끝난 게 아니라는 사실입니다. 이 고수온 현상은 무려 3년 가까이 이어졌어요! 평소라면 계절이 바뀌고 해류가 움직이면서 바닷물은 다시 섞이게 마련이에요. 그런데 이때는 표층의 뜨거운 물 층이 너무 두껍게 자리 잡아 아래쪽 차가운 물과 섞이지 않았어요. 이런 상태를 **성층화**라고 부르는데, 이로 인해 바닷속 식물플랑크톤에게 중요한 영양염이 위로 올라오지 못했답니다.

식물플랑크톤이 줄면 어떻게 될까요? 작은 물고기들이 먹을 게

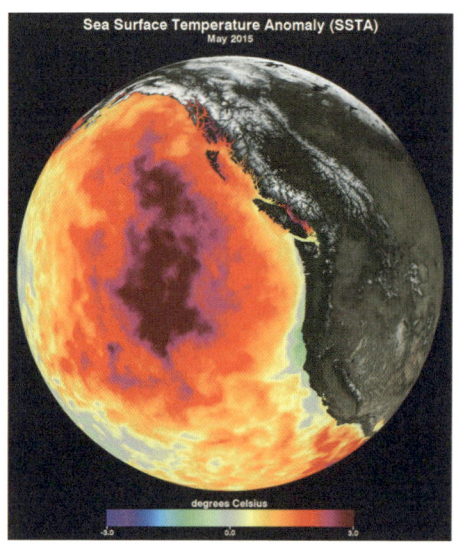

Sea Surface Temperature Anomaly (SSTA)
May 2015

degrees Celsius

2015년 더 블롭 당시 북미 해역의 해면 수온 편차

줄어들고, 작은 물고기가 줄면 큰 물고기, 바닷새까지 줄어들게 되겠죠. 결국 먹이 사슬의 맨 아래가 무너지면서 바닷속 전체 생태계가 연쇄적으로 붕괴하는 일이 벌어져요. 마치 젠가 게임에서 밑바닥 블록 하나를 뽑았더니 위층까지 와르르 무너지는 것처럼요.

더 블롭은 전 세계 과학자들에게 큰 충격을 주었어요. 해양열파가 단순히 바닷물이 조금 더워지는 수준의 문제가 아니라, 지구 생태계를 위협할 수 있는 심각한 재해라는 사실을 깨닫게 되었거든요. 이 사건 이후 전 세계에서 해양열파 연구에 나서는 한편, 여러 나라가 대응 방안을 고민하기 시작했답니다.

우리가 왜 해양열파에 주목해야 하는지 와닿는 것 같습니다. 우리나라 바다에서도 해양열파가 문제를 일으키고 있나요?

우리나라 바다도 예외가 아닙니다. 특히 2016년에는 연안에서 심각한 해양열파가 발생했고, 최근에는 '슈퍼 해양열파'라는 이름까지 붙을 만큼 발생 일수와 세기가 심하게 증가했어요. 1980년대에는 평균 7~8일 정도 지속되었던 해양열파가 지금은 12일 이상으로 늘어났고, 연간 발생 일수도 20일에서 100일 이상으로 무려 5배나 증가했죠.

문제는 단순히 바닷물 수온이 올라간다는 데 그치지 않는다는 점입니다. 양식장에 갇혀 피할 수 없는 어류들이 가장 먼저 피해를 당했어요. 국립수산과학원에 따르면, 해양열파로 인한 우리나라 연안 양식장 피해액은 2012년 18억 원에서 2016년 184억 원으로 4년 만에 10배 이상 급증했습니다. 최근인 2024년에는 9월 하순까지 이어진 고수온 현상으로 무려 1,430억 원 규모의 양식 생물 피해가 발생하며 관련 통계를 집계한 2012년 이후 최대 피해액을 기록했어요.

양식장뿐만 아니라 바다 생태계도 큰 충격을 받았습니다. 사람의 체온이 지나치게 올라가면 생명이 위태롭듯, 수온이 비정상적으로 오르면 바다도 열병을 앓아요. 해양열파는 단순한 온도 상

발생일수(일)

시간(년)

우리나라 바다 연간 해양열파 발생일수

승을 넘어, 생태계 전체를 위협하는 심각한 기후 재해라는 점을 잊지 말아야 합니다.

심각한 해양열파 문제에 우리는 어떻게 대응할 수 있을까요?

국제기구들은 아시아, 특히 우리나라를 해양열파 고위험 지역으로 분류하고 있어요. 앞으로는 해양열파를 조기에 탐지하고 피해를 줄이기 위해 예보·경보 시스템을 고도화하는 노력이 절실합니다.

하지만 예측 시스템만으로는 충분하지 않아요. 지구 온난화를 억제하는 국제 협력은 물론, 지역별 해양열파의 발생 양상과 원인을 정확히 이해하는 기초 연구가 뒷받침되어야 하죠.

해양열파는 지구 온난화로 평균 온도가 점점 높아지는 장기적 변화, 평균은 그대로인데 극단적인 값이 더 자주 나타나는 변동성 증가, 그리고 피해 예측과 관리를 위해 인간이 설정한 실질적 기준 등의 문제가 얽히는 복잡한 현상이죠.

과학자들은 단순히 수온이 몇 도 이상 올라갔는지를 보는 게 아니라, 왜, 어떻게, 얼마나 자주, 어느 지역에서 이런 일이 일어나는지 연구하고 있어요. 예를 들어 유럽기상위성기구EUMETSAT 연구 팀은 열 감지 위성을 이용해 마치 '바다의 열 지문'을 읽어 내듯 각각의 해양열파가 가진 고유한 패턴을 찾아내려 하고 있답니다.

기후 변화는 먼 미래의 이야기가 아니라, 우리 눈앞에서 진행 중인 현실입니다. 바닷속 생명체들은 인간처럼 에어컨이나 히터 같은 '온도 조절 장치'가 없어요. 우리가 생각하기에 '조금 뜨겁다.' 하는 온도 차이가, 그들에게는 생존의 경계선일 수 있습니다.

이제는 우리도 이런 과학적 시선을 배우고 함께 이해할 때예요. 그래야 기후 변화의 진실과 마주하고, 그 변화에 어떻게 대응할지를 고민할 수 있을 테니까요. 바다는 말이 없지만, 언제나 신호를 보내고 있습니다. 우리가 그 신호를 귀 기울여 듣느냐, 못 들은 척하느냐에 따라 지구의 미래는 크게 달라질 거예요.

3장

바다가 흔드는 경계

#열팽창 #명태 #해수면상승 #오륙도

박사님, 해양열파는 바닷속 물고기들뿐 아니라 인간에게도 큰 피해를 줄 것 같아요.

바다가 따뜻해지는 건 단순히 물고기들만의 문제가 아니에요. 그 변화는 태풍, 비, 바다 생태계, 해수면까지, 지구 전체 기후 시스템을 연쇄적으로 뒤흔드는 큰 파도를 일으키고 있어요.

따뜻한 바다는 마치 끓는 냄비 같아요. 물을 데우면 김이 모락모락 올라가죠? 바닷물도 마찬가지예요. 따뜻해질수록 물속에서 수증기가 더 많이 생겨 하늘로 올라갑니다. 그러면 하늘에서는 구름이 잔뜩 생기고 비가 몰려오기 시작해요. 그런데 이 비는 가랑비처럼 조용히 내리는 게 아니라, 한꺼번에 퍼붓는 폭우로 쏟아지죠. 마치 주전자에 담긴 물이 끓다가 갑자기 넘쳐흐르듯, 바다의 따뜻한 에너지가 한순간에 엄청난 비로 변하는 거예요.

수증기는 그 자체로 지구를 더 뜨겁게 만드는 온실기체이기도 해요. 따뜻해진 바다는 더 많은 수증기를 만들고, 그 수증기가 더 많은 열을 가두면 바다가 더 따뜻해져요. 이런 식으로 순환하면서 열이 점점 쌓이는 겁니다. 마치 온도 조절기가 고장 난 난로가 방 안을 점점 뜨겁게 달구는 것처럼요.

과학자들은 이런 현상을 **증폭 루프**라고 불러요. 작은 변화가 계속 다른 변화를 끌어내면서 점점 커지는 거죠. 예전보다 더 강하고 빠른 태풍이 나타나고, 더 거센 비가 쏟아지고, 폭염 같은 극단적인 날씨가 더 자주 생기는 이유가 바로 여기에 있어요.

그리고 바닷물은 따뜻해질수록 대기 이산화탄소를 붙잡아 두는 능력도 떨어집니다. 따뜻한 콜라에서 기포가 더 쉽게 빠져나오듯, 따뜻해진 바다는 예전처럼 많은 이산화탄소를 녹여 두지 못합니다.

무엇보다 중요한 건, 따뜻해진 바닷물은 팽창한다는 겁니다. 얼음이 하나도 안 녹아도, 바닷물 자체만으로 해수면이 오르게 돼요. 실제로 지난 100년간 일어난 해수면 상승 원인의 절반 이상이 열팽창 때문이었다고 합니다.

바다의 수온 상승은 물고기들만의 문제가 아니에요. 지구의 열 저장 구조가 바뀌고, 기후 시스템이 재편되며, 우리가 알던 날씨 와 바다의 법칙이 새롭게 쓰이고 있다는 지구 생태계의 경고 신 호입니다. 그래서 우리가 모두 신경 써야 하는 문제랍니다.

동해에서 명태가 줄어든 이유도 바닷물의 수온이 변하기 때문이라 고 들었어요. 이 내용을 조금 더 자세하게 설명해 주실 수 있나요?

명태는 원래 차가운 물을 좋아하는 물고기입니다. 명태의 알과 유생은 표층, 즉 바다 윗부분에서 떠다니며 자라요. 바다 표층은 대기와 맞닿아 있어서 기후 변화의 영향을 가장 먼저, 가장 크게 받습니다. 명태 유생은 수온이 12℃를 넘으면 살기 어려운데요, 기후 변화로 1980년대 후반부터 봄철(특히 4월)에 동해의 표층 수 온이 12℃를 넘는 날이 크게 늘었답니다. 따뜻해진 바닷물이 명 태 유생에게 보이지 않는 벽을 만든 셈이죠.

우리가 익히 아는 찜질방에 비유해 볼까요? 원래는 따뜻한 찜 질방에서 잠깐 땀을 내며 버틸 수 있었던 명태 유생이, 갑자기 불 을 최대로 틀어 버린 찜질방 안에 아예 들어가지도 못하게 된 거 예요. 결국 명태는 더 차갑고 깊은 바다나, 북쪽으로 이동할 수밖에 없겠죠.

흥미로운 건, 최근 연구에서 명태 암컷의 평균 크기가 예전보다 커졌다는 점이에요. 과거에는 35~37.5cm였는데 요즘은 37.5~40cm로 늘었습니다. 얼핏 보면 명태가 잘 자라고 있는 것처럼 생각할 수 있지만, 사실 이건 개체 수가 줄면서 먹이 경쟁이 줄어든 결과예요. 또 수온 상승이 성장 속도를 높였을 가능성도 있어요. 하지만 아무리 남은 개체가 잘 자란다고 해도, 전체 개체 수가 줄어들면 종의 생존 자체가 흔들리게 됩니다.

실제로 우리나라 명태 어획량은 1980년대부터 급격히 감소했습니다. 1970년대 후반부터 어린 명태, 이른바 노가리 남획이 집중적으로 이뤄졌다는 점도 문제였어요. 어린 명태가 너무 많이 잡히면, 어른 명태 또한 줄어들 수밖에 없겠죠.

요약하자면, 명태가 줄어든 이유는 크게 세 가지 원인이 동시에 작용한 결과예요. 첫째, 과도한 어획, 특히 어린 명태의 남획이 문제였습니다. 둘째, 수온 상승으로 명태 유생이 살 수 없는 고수온 환경이 점점 확산했죠. 셋째, 동물플랑크톤이나 크릴 같은 먹이 생태계가 연쇄적으로 변화하면서 명태가 의존하던 먹이 자원이 줄어들었어요.

명태의 주요 산란 해역이 북한 쪽에 있다 보니, 남한에서는 자원 조사나 연구에 한계가 있는 상황이에요. 우리 바다에서 명태를 다시 만나려면 산란장 보호, 유생 서식 환경 관리, 먹이망 회복까지 종합적으로 고민해야 해요.

명태 말고도 비슷한 위기에 처한 다른 물고기가 있나요? 예를 들어 멸치 같은 어종도 요즘 많이 줄었다고 들었거든요.

멸치는 원래 남해에서 많이 잡히던 대표 어종이었지만, 최근에는 점점 북쪽에서 더 많이 발견돼요. 물이 따뜻해지면 더 깊이, 수온이 낮은 바닷속으로 내려가면 될 것 같지만 현실은 그렇지 않아요. 깊은 바다에는 높은 수압과 빛이 거의 없는 암흑이라는 물리적 장벽이 있거든요.

10m만 내려가도 수압이 1기압 늘어나고, 100m만 가도 거의 빛이 사라집니다. 수압이 1기압 늘어난다는 건, 머리 위에 1톤짜리 작은 승용차가 하나 얹히는 느낌이라고 상상하면 됩니다. 숨조차 쉴 수 없는 압박감이죠. 그래서 많은 물고기는 심해로 내려가기보다는 북쪽, 더 차가운 해역으로 이동하는 편을 선택해요.

최근 연구에서는 물고기들이 단순히 북쪽으로 이동하는 차원을 넘어서 계절별로 서식지 분포가 어떻게 달라질지도 예측하고 있습니다. 인공 지능과 통계 모델을 활용한 분석 결과, 탄소를 많이 배출하는 시나리오에서 겨울에는 멸치의 서식지가 동해와 서

제주도 모슬포항의 멸치잡이 풍경.
멸치는 2020년 해양수산부의 '자원 회복 프로그램' 대상 종이 되었다.

해에서 북쪽으로 확장될 가능성이 크고, 여름에는 서해에서 서식지가 크게 줄어들 수 있다고 해요.

서식지가 달라진다는 건, 먹이 사슬이 달라질 수도 있다는 중요한 경고입니다. 멸치는 갈치, 오징어, 고등어 같은 주요 어종의 먹이이고, 우리 바다에서 많이 잡히는 물고기 중 하나예요. 만약 멸치가 이동하거나 줄어들면, 먹이 사슬의 위에 있는 포식자들까지 연쇄적으로 영향을 받을 수밖에 없어요. 이런 변화는 바다 생태계의 재편을 불러올 거예요.

그래서 이런 변화에 대비하려면 단순히 어획량만 조절할 게 아니라, 새로운 어장을 개척하거나 기후 변화에 잘 견디는 양식 어종을 개발하는 등의 대책이 필요해요. 앞으로 우리의 식탁에 어떤 생선이 오를 수 있을지, 그리고 우리가 어떤 선택을 해야 할지는 지금부터 연구하고 준비해야 합니다.

그런데 바닷물 변화가 물고기들만의 문제는 아니라고 하셨잖아요. 해안이나 육지 쪽에는 어떤 영향을 주고 있나요?

지구 온난화로 해수면이 조금씩 꾸준히 상승하면서, 전 세계 해안 도시와 섬, 농경지, 삼각주 같은 지역들이 점점 더 큰 위험에 놓이고 있어요. 이제 우리는 바다 생태계 변화뿐만 아니라, 해안과 육지까지 포함한 더 큰 변화를 함께 생각해 봐야 해요.

해수면이 올라가는 이유는 크게 두 가지예요. 하나는 바닷물이 따뜻해지면서 부피가 커지는 열팽창 때문이고, 다른 하나는 육지의 빙하가 녹아서 바다로 흘러들기 때문입니다. 바다 얼음은 이미 물에 떠 있어서 녹아도 해수면을 올리지 않지만, 육지에 쌓여 있던 빙하가 녹아 들어오면 그만큼 바닷물 양이 늘어나요. 극단적으로 말하면, 지구에 있는 모든 육지 빙하가 다 녹으면 해수면은 65m나 상승할 수 있습니다. 65m면 20층짜리 건물 높이예요!

지금 우리가 겪고 있는 해수면 상승은 앞으로 다가올 변화의 시작에 불과해요. 과학자들이 위성 관측을 통해 분석한 결과, 1993년 이후 해수면이 상승한 이유의 42%는 열팽창, 21%는 빙하 녹음이 차지한다고 밝혀졌어요. 그리고 해수면 상승 속도는 점점 빨라지고 있죠. 최근에는 연간 3.7mm씩 상승하고 있는데, 20세기 평균의 2배 이상 속도예요. 이대로라면 2100년에는 지금보다 0.6~1m 정도, 최악의 시나리오에서는 5m까지 높아질 수 있다고 합니다.

해수면 상승은 바닷가에 사는 사람들의 집과 일자리를 위협하고, 해안 도로, 다리, 지하철, 상하수도 같은 인프라를 무너뜨릴 수 있습니다. 해수면이 높아지면 태풍이나 폭풍으로 생기는 해일이 육지로 훨씬 더 깊숙이 들어올 수 있고, 밀물 때는 평소보다 훨씬 큰 침수가 벌어질 수 있어요. 특히 삼각주 같은 곳은 해수면과 높이가 비슷해 농사를 망칠 위험이 큰데, 나일강, 아마존강, 장강 같은 세계적 곡창지대도 그 대상입니다. 심지어 전 세계 인구의 40% 이상이 해안 100km 이내에 살고 있어요. 몰디브, 투발루 같은 작은 섬나라는 해수면이 1m만 올라가도 국토 대부분이 잠길 위험에 처해 있습니다.

그렇다면 우리나라는 어떤가요? 한국의 바다와 해안가도 비슷한 위험에 처해 있나요?

우리나라에도 이미 해수면 상승이 나타나고 있어요. 최근 30여 년 동안 연평균 약 3mm씩 해수면이 높아졌고, 울릉도 같은 곳은 5mm 이상 상승했다고 합니다. 앞으로 탄소 감축에 실패한다면, 2100년까지 최고 80cm 더 올라갈 수 있다는 예측도 있어요. 남해와 서해 연안 도시들은 지금보다 침수될 위험이 훨씬 커질 수 있죠. 우리나라 인구의 절반이 연안 지역에 살고 있어서, 이 문제는 절대 먼 나라 이야기가 아니에요. 우리나라의 낙동강과 영산강 삼각주, 부산 해운대, 인천 송도 같은 곳들 역시 높은 위험에 노출돼 있어요.

부산 앞바다에 있는 오륙도라는 섬, 혹시 들어 본 적 있나요? 이곳은 보는 위치에 따라 섬의 개수가 다섯 개로 보이기도 하고, 여섯 개로 보이기도 해서 '오륙도'라는 이름이 붙었어요. 동쪽에서 보면 여섯 개, 서쪽에서 보면 다섯 개로 보인답니다.

그런데 가만 생각해 보면, 만약 해수면이 점점 높아진다면 언젠가는 섬이 하나씩 물에 잠겨서, '오도'나 '사도'로 불러야 하는 상황이 올지도 모릅니다. 농담처럼 들릴지 모르겠지만, 그냥 웃고 넘길 일만은 아니에요.

오륙도는 보는 위치에 따라 다섯 개 또는 여섯 개로 보인다.

   지구 온난화로 인한 기후 변화는 이제 단순히 바다 생태계의 문제를 넘어, 우리 삶의 공간까지 바꿔 놓고 있어요. 지금 바다는 엄청난 변화의 소용돌이 속에서도 간신히 균형을 맞추며 버티고 있습니다.

   우리에게 필요한 건, 이 거대한 바다의 변화를 이해하고, 과학적으로 예측하며, 현명하게 대응할 준비를 하는 거예요. 지금 우리가 무엇을 선택하느냐에 따라, 미래 바다 풍경은 전혀 다르게 펼쳐질 수 있으니까요.

4장

바다의 기록, 미래의 예측

#해양혼합층　#무용지용　#해양과학기지　#이사부호

박사님께서 지금까지 해 온 연구 중에서 특히 중요하다고 생각하시는 것과 앞으로 꼭 이루고 싶은 연구 목표가 있다면 알려 주세요.

　저는 해양 기후와 생태계를 연구하며 주로 바다의 표층, 특히 **해양 혼합층**이라고 불리는 영역을 탐구해 왔어요. 해양 혼합층은 바닷물의 가장 윗부분으로, 수온과 염분이 거의 일정한 층입니다. 이 얇은 층은 대기와 바다 사이의 상호 작용에 영향을 주며 해양 생태계와 수산 자원에 큰 영향을 미친답니다.

　그래서 저는 해군사관학교 연구원과 함께 국내 최초로 동해의 혼합층 깊이를 정밀 분석한 지도를 완성하고, 겨울철 혼합층 깊이가 식물플랑크톤 분포와 밀접하게 연결되어 있다는 사실을 과학적으로 밝혀내기도 했어요. 이 연구는 국내외 해양학계에서 중요한 자료로 활용되고 있지만, 그 과정은 절대 쉽지 않았답니다. 수온, 염분, 밀도 같은 방대한 관측 자료를 하나하나 검증하고, 유의미한 자료를 골라내기까지 정말 많은 시간과 노력이 필요했거든요. 그래도 국내에서 상대적으로 소홀했던 이 분야에 도전해 해양 혼합층의 중요성을 널리 알리고자 힘썼어요.

앞으로의 목표는 한국 주변 바다 전체의 혼합층 깊이 지도를 완성하는 거예요. 지금까지는 동해를 중심으로 연구가 진행됐지만, 남해와 서해까지 연구 범위를 넓힐 계획입니다. 이 지도는 해양 대기 상호 작용, 생태계 연구, 수산업, 항해 등 다양한 분야에서 기본 자료로 활용될 수 있답니다.

최근에는 해양열파 예측 연구에도 집중하고 있어요. 앞서 설명했듯 '바다의 폭염'이라고 불리는 해양열파가 발생하면 어류 양식장에 큰 피해를 주거나 바다 생태계, 나아가 육지 기후에도 영향을 미칠 수 있거든요. 그래서 앞으로 언제, 얼마나 강한 해양열파가 발생할지 예측하기 위해 인공 지능을 활용하는 연구를 진행 중이에요.

바다는 지구 기후 시스템의 핵심 열쇠입니다. 기후 변화를 제대로 파악하고 대응하기 위해선 바다를 이해하는 일이 꼭 필요하답니다. 앞으로도 중장기적인 해양 환경과 기후 변화 연구를 이어 가며, 바다가 품고 있는 중요한 비밀들을 하나하나 밝혀내고 싶어요. 바다는 여전히 수많은 질문을 던지고 있고, 그 답을 찾아가는 여정은 언제나 설레고 멋진 일이니까요.

지금 당장 눈에 보이는 쓸모를 좇기보다는 미래를 준비하는 연구를 하고 계신 것 같아요.

자연과학은 지금 눈앞의 문제를 해결하는 학문이 아니에요. 예를 들어 해양열파 문제에 대해 당장 해결책을 내놓는 건 자연과학자의 역할이라기보다 공학자의 몫에 가깝습니다. 자연과학자의 역할은 지금 무슨 일이 일어나고 있는지를 정확히 진단하고 파악하는 것입니다.

가령 우리 몸이 아플 때 제일 먼저 해야 하는 건 정확한 진단이에요. 어디가 문제인지 알아야 약을 쓰든, 수술하든 할 수 있잖아요? 마찬가지로, 지금 지구가 기후 변화로 몸살을 앓고 있는 상황에서 제일 먼저 필요한 건 바다가 어떻게 변하고 있는지를 제대로 이해하는 거예요. 바다의 수온, 염분, 밀도 같은 복잡한 데이터들을 모으고 분석해서 앞으로 해양열파가 언제, 얼마나 강하게 올지를 예측하는 거죠. 치료는 그다음 문제랍니다.

사실 제가 하는 연구는 때때로 '쓸모 있는 일인가?'라는 질문을 품게 만들어요. 당장 눈에 보이는 성과나 돈이 되는 결과를 내놓는 게 아니니까요. 하지만 저는 중국의 옛 사상가 장자의 말 중에 '무용지용(無用之用)'이라는 표현을 좋아합니다. 쓸모없어 보이는 것 안에 오히려 더 큰 쓸모가 숨어 있다는 뜻이거든요. 자연과학도 그래요. 지금은 어디에 쓰일지 몰라도, 미래에는 인류에게 중요한 도움이 될 수 있습니다.

자연과학은 호기심의 학문입니다. 해양 연구도 마찬가지죠. '왜 이런 일이 일어날까?' '어떻게 이렇게 변할까?' 이런 질문을 끝없이 던지고 답을 찾아 가는 과정이에요. 그래서 저는 해양학이 단순한 학문이 아니라, 우리에게 흥미와 도전을 안겨 주는 매력적인 분야라고 생각해요. 바다와 기후, 자연을 연구하는 일은 언젠가 우리가 마주할 큰 문제들 앞에서 꼭 필요한 기초가 될 겁니다.

굉장히 멋진 말씀이네요. 앞서 '정확한 진단'이라고 표현하셨는데, 해양 기후를 구체적으로 어떻게 진단하는지 궁금해요.

사람의 건강을 진단하는 데 체온이 중요하듯, 바다의 기후를

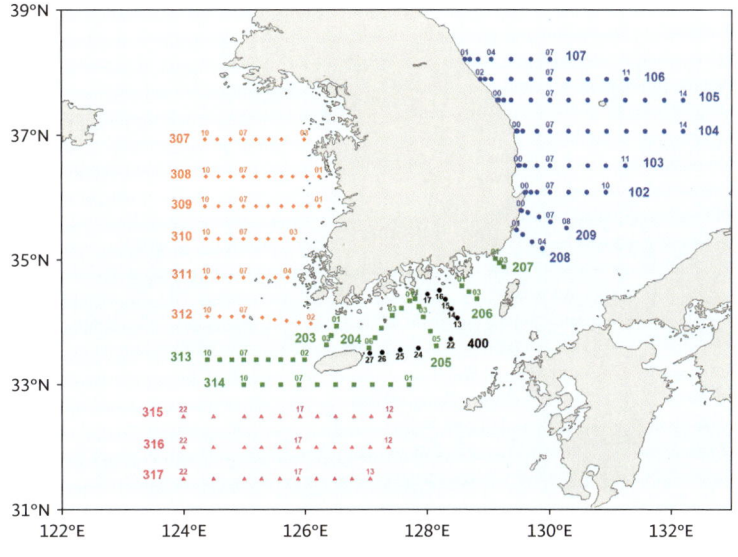

국립수산과학원에서 진행하는 정선 관측 정점

진단하는 데도 수온이 중요하답니다. 바다는 넓고 깊어서 한두 가지 방법으로는 그 복잡한 변화를 모두 잡아낼 수 없어요. 그래서 과학자들은 여러 기술을 조합해 바다 수온을 측정하고 있죠.

가장 전통적인 방법은 **정선 관측**이에요. 연구선을 타고 바다로 나가, 정해진 위치(정점)와 단면(정선)에서 일정한 간격으로 수심별 자료를 측정해요. 이때 사용되는 관측 기기는 수온·염분·수심 측정기CTD예요. 이 기기는 물속으로 내려가며 전도계로 염분을, 온도계로 수온을, 압력계로 수심을 측정해요. 이 방식은 매우 정

웅진 소청초 해양과학기지의 전경

밀하지만, 넓은 해역을 동시에 조사하기는 어렵죠.

이런 한계를 보완하기 위해 다양한 방법을 사용합니다. 우선 바다 위 특정 지점에 설치된 **해양과학기지**가 있어요. 한국에는 대표적으로 이어도 기지, 신안 가거초 기지, 웅진 소청초 기지가 있습니다.

이어도 기지는 제주도에서 남서쪽으로 약 149km 떨어진 해역에 세워진 인공 기지로, 해양 환경과 기상 변화를 감시하고 기후 변화 데이터를 축적하는 중요한 관측 거점이에요. 또한 한국이 해당 해역에 관측 시설을 세우고 관리함으로써 국가의 존재감을 드러내는 전략적 의미도 있답니다. 신안 가거초 기지는 서해 남부에서 해양 기상 변화를 감시하고, 옹진 소청초 기지는 서해 중북부에서 연안 환경과 기후 변화를 장기적으로 관찰하며 관측 데이터를 제공해요. 이런 기지들은 고정된 위치에서 연속적으로 자료를 수집할 수 있어 장기적인 기후 변화나 해양 환경 모니터링에 없어서는 안 될 곳입니다.

넓은 바다를 조사하기 위해서는 어떤 관측 기술을 활용하나요?

무인 장비들이 광범위한 해양 관측의 주역이에요. 대표적으로 **아르고**ARGO라는 뜰개가 있습니다. 아르고는 바다에 띄워 보내는 자동 뜰개로, 특정 깊이까지 내려가서 바닷물과 같이 떠다니다가 10일 정도 주기로 표면으로 올라오며 수온, 염분, 밀도 등을 측정해요. 표면에 도달하면 위성으로 자료를 보내 연구자들이 실시간으로 데이터를 받을 수 있어요. 이 방식은 넓은 해역에서 여러 번 관측할 수 있지만, 이동 경로나 측정 방향을 자유롭게 바꿀 수는 없다는 한계가 있습니다.

여기서 한 걸음 더 발전한 게 **무인 수중 글라이더**입니다. 글라이더는 정해진 경로를 따라 이동하며 Z 자 모양으로 상하로 움직여 수심별 데이터를 촘촘히 수집해요. 예를 들어 강릉에서 울릉도

독도 부근에 설치된 해양 관측 부이

까지 이동하면서 수온, 염분, 용존 산소 같은 데이터를 자세히 측정하죠. 아르고는 스스로 이동을 제어하지 못하지만, 글라이더는 정해진 목표에 따라 능동적으로 움직이며 더 촘촘하고 정밀하게 관측할 수 있답니다.

한편 연안 지역에는 **해양 관측 부이**가 설치돼 있어요. 부이는 물 위에 떠 있으면서 파고, 유속, 수온 등을 실시간으로 측정해요. 주로 연안에서 해양 생태계 모니터링이나 해안 안전 관리에 많이 활용됩니다.

가장 큰 규모의 관측 방법은 **해양 관측 위성**이에요. 한국의 '천리안 위성'은 정지 궤도에서 지구 자전과 같은 속도로 돌며, 특정 해역을 계속 관측할 수 있어요. 위성은 바다 표면의 온도나 색 같은 데이터를 넓은 범위에서 동시에 수집할 수 있어 광역 해양 연구에 없어서는 안 될 도구예요.

이렇게 다양한 방법들을 조합해 과학자들은 바다가 어떻게 변해 가는지, 앞으로 어떤 변화가 나타날지 연구하고 있어요. 전통적인 유인 관측에서부터 첨단 로봇, 광범위한 위성 관측까지, 과학과 기술이 총동원되고 있죠. 이런 기초 연구들이 쌓여야 기후 변화에 제대로 대응할 수 있고, 바다가 던지는 수많은 질문에도 답할 수 있어요.

연구선 같은 현장 탐사선도 중요한 역할을 맡고 있겠죠?

맞아요, 바다 위에는 바다를 연구하는 특별한 배들이 떠다니고 있어요. 그중에서도 **이사부호**는 한국의 대표적인 해양 연구선입니다. '움직이는 해양 연구소'라고 불리는 이사부호는 첨단 장비들을 싣고 우리 바다뿐 아니라 인도양, 태평양, 남극해 같은 먼바다까지 나아가 바다의 비밀을 밝혀내고 있답니다.

이사부호에는 해양과학자들뿐 아니라 '연구선 관측팀' 승무원들도 함께 타고 있어요. 이들은 연구자들이 다양한 장비를 운용할 수 있도록 돕는 전문가들입니다. 과거에는 연구자들이 직접 장비를 조작했지만, 지금은 기술이 발전해 전문가들이 장비를 다루고, 연구자들은 데이터 분석과 연구에 집중할 수 있게 되었답니다.

이사부호는 아직 관측이 잘 이루어지지 않은 인도양 같은 바다를 주로 탐사하고 있어요. 경제적으로 여유가 적은 나라들을 둘러싼 바다는 상대적으로 관측이 부족한데, 국제 공동 해양 연구 프로그램의 일원으로 이사부호가 그 빈자리를 메우고 있죠. 우리나라가 세계 해양과학에 기여하고 있다는 사실, 정말 멋지지 않나요?

이사부호는 단순한 배가 아니라, 바다를 누비며 연구하는 하나의 거대한 과학 실험실이에요. 앞으로도 이사부호는 한국을 대표해 전 세계 바다에서 중요한 자료를 수집하고, 바다의 숨겨진 이야기를 밝혀낼 겁니다.

먼바다에 나가 국제 연구에 이바지하는 이사부호처럼 해양 연구에서는 다른 나라들과의 협력이 중요하겠네요.

바다는 눈으로 보면 끝이 없는 것처럼 보여요. 어디까지가 한국 바다고, 어디부터가 다른 나라 바다인지 선이 그어져 있는 것

인도양에서 무인 잠수정 탐사를 하는 이사부호

도 아니죠. 그래서 해양 연구는 어느 한 나라만의 힘으로는 할 수 없어요. 바다는 서로 연결되어 있어서, 한국에서 일어나는 변화가 일본, 중국, 러시아, 미국까지 영향을 미치고, 또 반대로 다른 나라 바다의 변화가 한국으로 전해지기도 하거든요.

그래서 해양과학자들은 늘 국제 협력을 중요하게 생각해요. 나라와 나라 사이에 정치적인 경계는 있어도, 과학의 세계에서는 모두가 협력해야 하거든요. 기후 변화, 수산 자원 변화 같은 문제는 한 나라만의 연구로 풀 수 없고, 전 세계 과학자들이 함께 자료를 모으고, 의견을 나누고, 해결책을 찾아야만 한답니다.

저도 국제 협력의 현장에 참여하기 위해 노력하고 있어요. 현재는 북태평양해양과학기구PICES에서 활동 중입니다. 이 기구는 북태평양 연안 국가들인 미국, 캐나다, 러시아, 일본, 중국, 한국 등이 모여 기후 변화나 수산 자원 문제에 관심을 두고 매년 연례 총회를 열며 협력하는 곳이에요. 또한 국제해양연구위원회SCOR라는 국제기구에도 한국 대표로 참여하고 있어요. 이곳은 해양학의 발전과 문제 해결을 위해 전 세계 과학자들이 연구 결과와 아이디어를 나누고 협력하도록 돕는 곳이랍니다.

이처럼 해양 연구는 혼자 할 수 있는 일이 아니에요. 각 나라가 서로 힘을 합치고 지식을 나누어야만 바다를 더 깊이 이해할 수 있기 때문이죠. 이러한 이해가 모여야만 우리가 기후 변화에 대응하고 바다 생태계를 지키며, 미래 세대에게 건강한 지구를 물려줄 수 있답니다.

5장

과학, 우리 모두의 언어가 될 때

#아쿠아세 #바다산성화 #염도와염분 #대중의과학화

해양 연구를 하며 기억에 남은 인상적인 경험이 있으실까요?

저는 해양을 연구하는 과학자로서 전 세계 바다를 탐사해 왔습니다. 제가 다녀온 곳들을 지도에 표시해 보면 태평양, 인도양, 북극, 적도까지 줄줄이 연결돼요. 아직 남극은 가 보지 못했지만, 언젠가 그곳까지 탐사할 날을 기대하고 있답니다.

배를 타고 적도를 넘어가는 경험은 참 특별해요. 비행기로는 금방 지나쳐 버릴 경계지만, 바다 위에서 북반구에서 남반구로 넘어갈 때는 보이는 별자리도 달라지고, 지구의 숨결이 바뀌는 것 같은 느낌이 들거든요. 그곳에서 과학 장비로 바다를 관측하고, 새로운 현상을 연구하고, 동료들과 머리를 맞대며 가설을 세우는 과정은 정말 흥미롭답니다.

물론 해양 연구가 낭만적이기만 한 건 아니에요. 육지에서 바라보는 바다는 아름답고 평화로워 보이지만, 바다 한가운데에선 파도가 거칠게 몰아치고 배가 크게 흔들리죠. 남극 근처처럼 서풍이 강하게 부는 지역에서는 파도가 엄청나게 높고, 그곳에서 탐사를 이어 가는 일에는 생명과 직결된 위험이 따르기도 해요. 뱃멀미로 고생할 때도 많고 밤낮없이 이어지는 관측과 분석에 지칠 때도 많지만, 그럼에도 계속 바다로 나아가는 이유가 있어요.

해양 연구는 결코 개인의 성취나 단순한 흥미를 위한 일이 아닙니다. 연구의 대부분은 국민 세금으로 이뤄지고, 그 결과는 모두가 함께 나눌 미래로 돌아가죠. 기후 변화와 바다의 변화는 지구 전체의 문제이고, 이를 이해하고 준비하는 일은 인류의 미래를 위해 꼭 필요하답니다.

말씀하신 바다의 변화를 우리가 실제로 체감할 수 있는 사례가 있을까요? 기후 변화는 일상에 어떤 영향을 주고 있나요?

혹시 「독도는 우리땅」이라는 노래를 들어 본 적 있나요? 1982년에 나와 큰 인기를 끌었던 이 노래는, 독도에 관한 여러 정보를 재미있게 엮어 가사에 담은 곡이에요. 가사에는 '평균 기온 12도, 강수량은 1,300mm' 같은 독도의 기후 정보와 '명태, 거북이' 같은 바닷속 생물 이름이 등장했죠. 그런데 2012년에 가사가 바뀌었는데요, 기후 정보는 '평균 기온 13도, 강수량은 1,800mm'로, 생물 이름은 '홍합, 따개비' 같은 새로운 주인공들로 달라졌답니다. 이는 기후 변화가 바다의 환경을 바꾸고, 우리의 일상과 문화에까지 영향을 주고 있다는 걸 보여 주는 상징적인 사례예요.

요즘 해양과학자로서 무겁게 던지게 되는 질문은 '우리는 지금 어느 시대를 살고 있을까?'입니다. 지질학자들은 오늘날을 **인류세**Anthropocene라고 부르죠. 인류의 활동이 지구 전체 환경을 뒤흔들 만큼 강력해진 시대라는 뜻이에요. 그런데 최근에 더 무서운 이름이 등장했어요. 바로 **아쿠아세**Aquacene, 즉 물의 시대 혹은 홍수의 시대라는 말이죠.

마지막 빙하기가 끝날 무렵, 지구 평균 기온이 약 5℃ 오르면서 해수면은 무려 120m나 상승했어요. 산업 혁명 이후 지금까지 상승한 해수면은 20cm 정도에 불과하지만, 문제는 지금의 변화가 단지 시작일 뿐이라는 거예요. 온실기체 배출을 당장 멈춰도 바다는 이미 엄청난 열을 품고 있고, 이 열은 앞으로 천천히, 그러나 멈추지 않고 해수면을 밀어 올릴 겁니다.

빙하가 녹고, 열대 지역의 폭풍이 강해지며, 해안 도시가 물에 잠기고 있습니다. 수백만 명이 집을 떠나는 '물의 대이동'은 먼 미래나 소설 속 이야기가 아니에요. 지금, 이 순간에도 진행되고 있는 위기이죠.

이렇게 심각한 변화 속에서 우리는 뭘 해야 할까요?

지금까지 우리는 바다 덕분에 버텨 왔어요. 지구가 지금까지 완전히 무너지지 않고 버틸 수 있었던 건, 바다가 열과 이산화탄소를 끊임없이 흡수해 줬기 때문입니다. 대기가 받아야 할 열의 90% 이상을 바다가 대신 받아 주고, 우리가 배출한 이산화탄소의 약 3분의 1을 바다가 흡수해 온 덕분에, 기후 위기가 훨씬 늦게 드러난 거죠.

하지만 이건 영원히 지속될 수 있는 일이 아니에요. 바다도 점점 한계에 다가서고 있습니다. 열과 탄소를 흡수하는 능력이 약해지면, 이제 그 부담은 고스란히 대기와 육지, 그리고 인간에게 돌아올 겁니다.

과학이 알려 주는 메시지는 단순해요. 바다와 기후의 문제는 결국 '절약' 없이는 절대 해결할 수 없다는 것이죠. 물론 과학은 우리에게 다양한 해법을 제공해요. 재생 에너지, 파도와 수온 차를 이용한 친환경 에너지, 더 나아가 온실기체를 직접 제거하는 '탄소 네거티브' 기술까지요. 하지만 아무리 좋은 기술을 개발하더라도, 우리가 무분별하게 낭비하는 삶을 멈추지 않는다면 이 문제는 절대로 해결되지 않을 거예요.

컴퓨터 하드 디스크가 처음 나왔을 때 사람들은 40메가바이트면 충분한 용량이라고 생각했대요. 그런데 지금은 수백, 수천 기가바이트도 모자란다고 느끼죠. 기술이 좋아질수록 우리는 그만큼 더 많이 쓰고, 더 많이 낭비해 왔어요.

이제는 달라져야 해요. 탄소 중립을 넘어서, 온실기체를 줄여야 합니다. 그 시작은 우리 각자의 생활에서 출발한답니다. 불필요한 에너지 낭비를 줄이고, 필요 없는 소비를 멈추고, '이만큼이면 충분하다.'라는 감각을 회복하는 것이 해결책의 첫걸음이에요.

바다는 우리를 무한히 책임져 줄 수 없어요. 결국 선택은 우리 손에 달려 있습니다. 과학은 경고와 가능성을 함께 내밀고 있어요. 그 가능성을 살릴지, 흘려보낼지는 우리에게 달려 있답니다.

바다의 산성화도 큰 문제라고 들었습니다

바다 산성화라는 말을 들으면 바다가 마치 강한 산성 물질로 변한다고 오해하곤 해요. 하지만 실제로는 아닙니다. 바다는 원래

pH 8.1 정도로 약한 염기성을 띠는데, 인간이 배출한 이산화탄소가 바다로 흡수되면서 수소 이온(H^+)이 많아지고 점점 염기성이 약해져 중성 쪽으로 가까워지는 걸 '바다 산성화'라고 부릅니다. 그러니까 pH가 7 아래로 내려가서 산성이 되는 건 아니고, 염기성을 조금씩 잃어 가는 현상이에요.

이 과정을 조금 더 들여다보면, 바다가 얼마나 중요한 완충 작용을 하고 있는지 알 수 있어요. 대기 이산화탄소가 바다 표면에 녹아들면, 물(H_2O)과 결합해 탄산(H_2CO_3)을 만들고, 이 탄산은 수소 이온과 중탄산염(HCO_3^-)으로 나뉘어요. 또 중탄산염은 다시 수소 이온과 탄산염(CO_3^{2-})으로 분해되죠. 이처럼 여러 단계의 반응을 통해 바닷물에는 점점 수소 이온이 많아지게 됩니다.

하지만 바닷물에는 원래부터 중탄산염과 탄산염이 많이 녹아 있어서, 수소 이온을 흡수하며 산성도 변화를 막아 주는 완충 작용을 해요. 이 덕분에 바닷물의 산성도는 쉽게 변하지 않습니다. 문제는, 바다로 들어오는 이산화탄소가 많아질수록 수소 이온도 늘어나고, 이를 중화시키는 과정에서 탄산염이 점점 소모된다는 거예요. 탄산염은 조개나 산호가 껍데기나 골격을 만드는 데 꼭 필요한 재료라, 줄어들면 껍데기가 약해지거나 녹아내리기도 해요. 그래서 해양 산성화는 단순히 바닷물의 성질이 바뀌는 문제가 아니라, 바닷속 생물들의 생존을 위협하는 문제입니다.

바다 산성화를 관측하는 부이를 점검하는 연구원

산업화 이후 250년 동안 바다의 pH 값은 0.1 정도 낮아졌는데 바닷물 속의 수소 이온 농도는 무려 26%나 증가했습니다. 이처럼 pH 수치는 아주 작은 변화처럼 보여도, 실제 화학적인 영향력은 엄청나답니다.

그래서 바다 산성화를 이야기할 때는 "바다가 산성으로 변했다."라고 단순하게 잘못 말하면 안 돼요. 과학적으로 정확한 용어와 개념을 써야 오해가 줄어들고, 진짜 문제를 바로 볼 수 있답니다. 그래야 바다에서 벌어지는 변화를 올바르게 바라보고, 앞으로 무슨 선택을 해야 할지 고민할 수 있거든요.

과학 용어나 설명 방식에서 오해가 생길 수도 있다는 말씀이네요. 이렇게 복잡한 과학 개념을 대중에게 알릴 때는 어떤 어려움이 있나요?

사실 많은 사람이 과학을 어렵게 느끼는 이유 중 하나는 바로 '용어'예요. 전문가들끼리는 편하게 쓰는 단어나 표현이, 일반 사람들에게는 전혀 다른 의미로 다가오거나 오해를 불러일으키기 쉽거든요.

예를 들어 볼게요. 해양 연구에서 흔히 쓰는 **에러 바**error bar라는 말이 있어요. 실험이나 관측에서 생길 수 있는 오차나 불확실성을 표시하는 그래프 선입니다. 그런데 '에러'라는 말은 일반적으로 '실수'나 '잘못' 같은 뜻으로 들리잖아요. 그래서 대중에게 "에러 바가 이렇게 나타났다."라고 말하면, '어? 뭔가 잘못된 결과인가 봐!'라고 오해할 수 있어요. 이럴 땐 '불확실성'이나 '위험성' 같은 용어로 바꿔서 설명하는 게 훨씬 더 정확하겠죠.

비슷한 예로, 해양학계에서는 소금기의 정도를 표현할 때 염분이라는 말을 써요. 하지만 일상생활에서는 '염도'라는 표현이 훨씬 익숙하죠. 특히 식품영양학계에서 '국물의 염도'라는 표현을 많이 쓰잖아요.

그런데 과학적으로 보면, '염분'은 바닷물 1kg에 녹아 있는 염류의 총량을 의미하고, '염도'는 물속에 녹아 있는 염류의 농도나

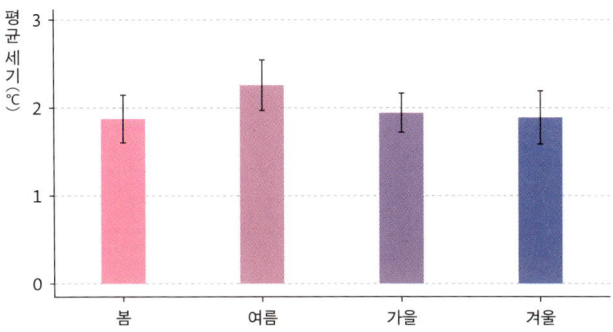

계절별 해양열파 평균 세기 (±1SD)

평균 세기 (°C)

봄　　여름　　가을　　겨울

동해의 계절별 해양열파 평균 세기를 표현한 그래프.
에러 바(막대 위의 표시)는 평균 세기가 얼마나 정확한지를 나타낸다.

짠맛의 강도를 가리키는 비교적 느슨한 개념이에요. 해양과학에서는 염분을 바닷물에 전류가 얼마나 잘 흐르는지를 뜻하는 전도도로 측정해 계산하죠. 즉 염분은 명확한 측정 기준과 계산 방식이 정해진 학술 용어입니다.

그래서 해양학자들은 전통적으로 '염분'이라고 부르는데, 뉴스 기자나 대중이 '염도'라는 표현을 쓰면 의미가 혼동되기도 해요. 현장 연구자 입장에서는 들을 때마다 괴리감을 느낄 수밖에 없죠.

비슷한 사례는 또 있어요. 우리가 학교에서 배우는 '조수 간만의 차'라는 말도 그래요. 사실 학계에서는 '고조(高潮)'와 '저조(低潮)', 그리고 그 차이를 '조차'라고 부르거든요. 그런데 교과서에는 여전히 '만조(滿潮)'나 '간조(干潮)', '조수 간만의 차' 같은 용어가 혼용되고 있어요. 처음 듣는 사람들은 이게 뭔지 헷갈릴 수밖에 없죠. '고조'와 '저조'처럼 직관적으로 이해하기 쉬운 말을 쓰면 훨씬 알아듣기 쉽고, 불필요한 장벽도 사라질 거예요.

이처럼 과학을 정확하고 쉽게 말하는 것은 단순히 표현의 문제가 아니라, 오해를 줄이고 공감대를 넓히는 중요한 소통의 시작점이에요. 학계에서는 당연한 말이라도, 그 말이 대중에게는 전혀 다른 의미로 들릴 수 있거든요. 전문적인 말을 대중 친화적으로 바꾸는 작업, 그 과정에서 핵심 의미를 잃지 않는 일. 그게 바로 과학자의 큰 숙제이자 책임이에요.

하지만 소통은 과학자들만의 몫이 아니잖아요. 대중도 과학을 이해해 보려는 마음과 노력이 필요하지 않을까요?

동의합니다. 과학자가 아무리 쉽고 친절하게 설명하려고 해도, 듣는 사람이 제대로 받아들일 준비가 되어 있지 않다면 그 소통은 이루어지지 못해요.

점점 더 많은 과학자들이 노력하고 있어요. 복잡한 연구 내용을 쉬운 말로 바꾸고, 숫자와 그래프 대신 이야기와 비유로 설명하려고 애쓰죠. 왜냐하면 과학자들의 연구는 결국 모두의 세금으로 이뤄지는 공공의 결과물이기 때문이에요. 과학은 연구실 안에만 머물러서는 안 돼요. 과학자들은 연구 결과를 세상과 나누고, 모두가 이해할 수 있는 언어로 전달할 책임이 있습니다.

그런데 그게 전부는 아니에요. 과학의 대중화는 박수처럼 두 손이 맞닿아야 소리가 납니다. 과학자들이 다가가려는 만큼, 대중도 과학을 이해하려는 마음을 내야 해요. 처음엔 낯선 용어나 원리가 어렵게 느껴질 수 있어요. 하지만 "어렵다, 모르겠다."라며 멈추지만 말고, 한 발짝 다가가 보려는 노력과 이해하려는 자세가 필요합니다.

과학을 이해하려는 태도는 생각보다 강력한 힘이 있어요. 그것은 단순히 정보를 받아들이는 데서 그치지 않습니다. 기후 위기, 건강 문제, 기술 발전, 환경 변화 등 우리가 매일 맞닥뜨리는 선택의 순간에서, 과학을 아는 사람은 훨씬 더 정확하고 현명한 판단을 내릴 수 있답니다.

앞으로는 '대중의 과학화'와 '과학의 대중화'가 함께 가야 해요. 과학자들과 대중이 함께 노력할 때 비로소 세상은 더 나은 방향으로 움직일 수 있죠.

마지막으로 꼭 기억해 주세요. 과학을 이해하는 사람들에게는 미래를 바꿀 힘이 있다는 것을요. 지금 우리가 함께 배우고 이해하려는 작은 마음이, 언젠가 큰 변화를 만드는 시작점이 될 겁니다.

질문을 끝까지 붙드는 마음

책을 끝까지 읽은 여러분이라면 이제 '해양과학자'가 단순히 바다를 연구하는 사람이 아니라는 걸 느꼈을 거예요. 김웅서 박사님은 심해를 살펴보며 생명의 기원을 탐구했고, 박주면 박사님은 해류에 따라 이동하는 물고기의 삶을 들여다보았죠. 이연주 박사님은 열대 바다의 해면동물에서 신약의 가능성을 보았고, 기후 위기로 인해 달라질 미래의 바다를 예측한 장찬주 박사님도 있었어요.

그들은 모두 각자의 분야에서 오랜 시간 연구를 이어 온 분들이었습니다. 이들에게 가장 먼저 보였던 건 질문 앞에서 호기심을 놓지 않는 태도였죠. 실패를 이야기할 때도 웃음을 잃지 않고 모른다는 말을 자연스럽게 꺼내는 모습은, 제가 생각했던 과학자의 이미지와는 사뭇 달랐어요.

저는 과학이 지식을 쌓는 일이라고 생각했습니다. 하지만 그들과 이야기를 나누며 깨달았어요. 과학은 실패한 실험에서 다시 희망을 길어 올리는 일, 한 번 던진 질문을 끝까지 붙드는 일, 아직 보이지 않는 세계를 향해 나아가는 일이라는 걸요.

"왜 이 일을 하세요?"라는 질문에, 어떤 분은 이렇게 말했어요. "잘 모르겠지만, 안 하면 안 될 것 같아서요." 이 말이 오래 기억에 남았습니다. 이해할 수 없어도 멈추지 않는 마음, 그게 '질문하는 사람'의 마음이 아닐까요?

이런 마음은 세계 곳곳의 과학자들에게도 닿아 있어요. '해양의 제인 구달'이라고 불리는 해양생물학자 실비아 얼Sylvia A. Earle은 바다를 지키기 위해 평생을 바쳤습니다. 그는 바다의 일부를 보호 구역으로 지정하는 '희망의 장소Hope Spots' 프로젝트를 만들고, 누구보다 열정적으로 해양 보전의 중요성을 외쳤죠. 그는 이렇게 말했어요.

"우리는 바다를 위해 무엇을 해야 할지 이미 알고 있어요.
문제는, 지금 당장 시작하느냐 아니냐예요."

이 책에서 만난 해양과학자들의 마음도 같았어요. 완벽히 알지는 못해도, 일단 시작하는 것. 모른다는 두려움에 맞서 질문을 놓지 않는 법을 그들에게서 배웠습니다.

이 책을 읽으며 누군가는 해양과학자의 삶을 꿈꾸게 될지도 모릅니다. 또 누군가는 기술, 환경, 정책, 국제 협력, 글쓰기처럼 바다와 다른 방식으로 이어지는 길을 떠올릴 수도 있겠죠. 과학을 좋아하든, 사회를 좋아하든, 사람을 좋아하든, 바다는 다양한 진로의 지도를 품고 있어요.

이제 바다가 조금 더 가까워졌나요? 책장을 덮는 지금, 다음 질문의 순서는 여러분에게로 넘어왔어요. 바다는 여전히 한자리에 있지만, 그 바다를 바라보는 여러분의 시선은 이제 예전과 다를 겁니다. 질문이 생겼다면, 그걸로 충분해요. 바다는 늘, 질문을 품고 있는 사람을 기다리고 있으니까요.

2025년 10월

이고은

사진 출처

134면 Richard Ling(wikimedia)

141면 이연주

145면 박흥식(한국해양과학기술원)

155면 이연주

158면 박흥식(한국해양과학기술원)

167면 U.S. Navy

168면 Yu Ito(wikimedia)

175면 이연주

178면 Jascobrasil(wikimedia)

187면 NASA

194면 IPCC

203면 NASA

212면 명정구(한국해양과학기술원)

216면 장찬주

221면 국립수산과학원

222면 한국해양과학기술원

224면 한국해양과학기술원

227면 한국해양과학기술원

235면 한국해양과학기술원